中国烹饪协会系列规划教材
教育部职成司职业教育与成人教育用书目录推荐教材

调酒与服务

TIAOJIU YU FUWU

中国烹饪协会 组 编

吕海龙 主 编

刘雪梅 副主编

北京师范大学出版集团
BEIJING NORMAL UNIVERSITY PUBLISHING GROUP
北京师范大学出版社

图书在版编目（CIP）数据

调酒与服务 / 吕海龙主编. —北京：北京师范大学出版社，2012.2
（中国烹饪协会系列规划教材）
ISBN 978-7-303-13193-8

Ⅰ.①调… Ⅱ.①吕… Ⅲ.①鸡尾酒—配制—中等专业学校—教材②餐厅—商业服务—中等专业学校—教材 Ⅳ.①TS972.19②F719.3

中国版本图书馆 CIP 数据核字（2011）第 149602 号

营销中心电话	010-58802755 58800035
北师大出版社职业教育分社网	http://zjfs.bnup.com.cn
电 子 信 箱	bsdzyjy@126.com

出版发行：北京师范大学出版社 www.bnup.com.cn
　　　　　北京新街口外大街 19 号
　　　　　邮政编码：100875

印　　刷：保定市中画美凯印刷有限公司
经　　销：全国新华书店
开　　本：184 mm × 260 mm
印　　张：11.25
字　　数：240 千字
版　　次：2012 年 2 月第 1 版
印　　次：2012 年 2 月第 1 次印刷
定　　价：23.80 元

策划编辑：姚贵平	责任编辑：姚贵平
美术编辑：高 霞	装帧设计：中通设计
责任校对：李 菡	责任印制：孙文凯

序

随着社会经济的发展，外出旅游成为人们健康生活的重要方式之一，这为旅游业和旅游职业教育提供了强大的发展动力。

旅游职业教育的发展应以课程、教学与教材改革来做最佳的抓手。职业教育是不同于普通教育的一种教育类型，其课程、教学与教材要与生产过程、职业资格要求、职业岗位对从业人员的素质需求有效对接。

为促进旅游业和旅游职业教育的健康、科学发展，培养道德修养好、技能水平高和综合能力强的高素质、应用型旅游人才，中国烹饪协会与北京师范大学出版社于 2007 年年底联合启动了旅游专业教学改革的研究，对旅游职业教育的课程、教学与教材进行全方位探讨。我们认为，旅游职业教育的课程、教学与教材应突出三大特点：一是聚焦职业能力的培养，并紧紧围绕这一目标设计课程与教材。二是整合教学过程与工作过程。事实证明，只有能将原理、知识与工作过程有机融通的人，才是具有职业能力的人。教学过程、教材内容必须与工作过程无缝对接。三是创新课程与教材结构，即根据职业能力养成的规律对课程结构进行整体设计，包括内容呈现顺序与方式等。

在此基础上，我们组织了优秀的旅游行业专家、企业从业人员和具有丰富教学经验的教师共同开发了体现新理念、突出新特色、适应新形势的"旅游专业'项目教学'系列规划教材"。本套教材具有以下特点。

1. **先进性**。围绕学生职业能力的培养，选择内容、设计形式、编排体例，既充分反映旅游行业新知识、新规范、新信息与新技能，又充分反映旅游职业教育教学改革的新理念、新要求、新特点与新形式。

2. **新颖性**。以"项目教学"为主线安排结构，设有项目介绍、任务描述、案例分析、综合实训等栏目，并配有丰富的图片资料，形式活泼，可读性强。

3. **仿真性**。尽量按照旅游行业的职业岗位群创设学习情境，引导学生在仿真的情境中反复练习，形成职业能力。

4. **综合性**。在关注生产过程的同时，兼顾相应职业资格考试要求。在相关教材中专门列明职业资格考试的要点，把学历教育与职业资格考试有机结合起来，为学生在取得学历的同时获取职业资格证书奠定基础。

　　本套教材作为中国烹饪协会与北京师范大学出版社联合推出的旅游职业教育教学改革成果，获得了来自全国各地的专家、学者和教师的大力支持和参与，进行了辛苦的探索和大胆的创新。但由于教学改革是一项复杂的系统工程，不可避免地存在着局限性，恳请广大读者提出宝贵意见，以便我们今后修订并不断完善。

中国烹饪协会常务副会长　杨柳

2010 年 7 月 8 日于北京

知识结构图

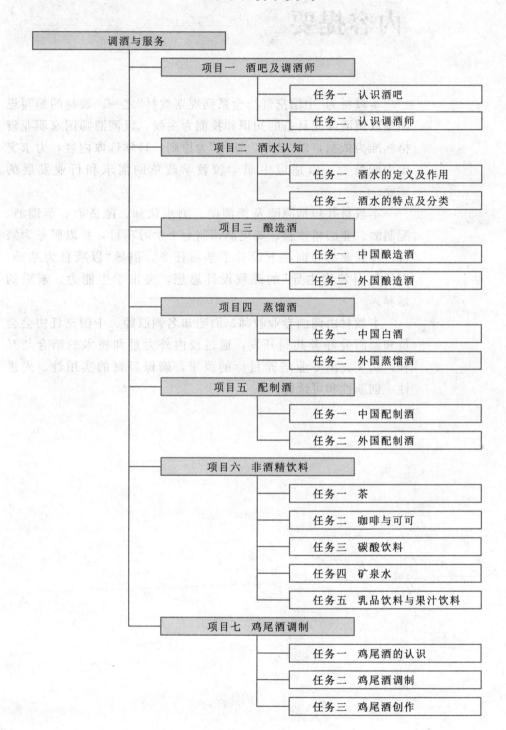

调酒与服务

项目一　酒吧及调酒师
　　任务一　认识酒吧
　　任务二　认识调酒师

项目二　酒水认知
　　任务一　酒水的定义及作用
　　任务二　酒水的特点及分类

项目三　酿造酒
　　任务一　中国酿造酒
　　任务二　外国酿造酒

项目四　蒸馏酒
　　任务一　中国白酒
　　任务二　外国蒸馏酒

项目五　配制酒
　　任务一　中国配制酒
　　任务二　外国配制酒

项目六　非酒精饮料
　　任务一　茶
　　任务二　咖啡与可可
　　任务三　碳酸饮料
　　任务四　矿泉水
　　任务五　乳品饮料与果汁饮料

项目七　鸡尾酒调制
　　任务一　鸡尾酒的认识
　　任务二　鸡尾酒调制
　　任务三　鸡尾酒创作

内容提要

　　本教材为"中国烹饪协会系列规划教材"之一。教材的编写思路是以调酒师应具备的知识和技能为主线，以调酒师国家职业资格标准为依据，以"必须、够用"为原则，科学选取内容，力求突出中职特色，以适应中职学校教学改革的需求和行业发展的需要。

　　本教材共包括酒吧及调酒师、酒水认知、酿造酒、蒸馏酒、配制酒、非酒精饮料、鸡尾酒调制七个学习项目，并以服务为宗旨，以就业为导向，下设若干学习任务，倡导"以项目为基础，以任务引领为主导"的课程设计思想，突出学生能力、素质的培养。

　　本教材由调酒专业教师、酒吧知名调酒师、中国烹饪协会会员和调酒爱好者共同开发，通过校内外力量和技术的结合与互补，切实突出专业培养目标的要求，确保教材的实用性、先进性、创新性和可读性。

前　言

本教材是"中国烹饪协会系列规划教材"之一,力求体现项目教学的基本思路与理念,突出时代特征和中职教育特色。

◆依据调酒师国家职业标准、课程标准和岗位需求编写本教材。

◆教学改革、教学内容的重组是教材建设的基础。编写组以就业为导向,以能力为本位,遵循学生认知规律确定教学项目。并以项目为载体,以任务为驱动,以"必须、够用"为原则组织教材内容。并紧紧围绕专业培养目标,确定教材内容的广度和深度。

◆实习实训教学内容是教材建设重点。实习实训内容是以培养学生能力为主,为此教材围绕技术应用能力这条主线来设计学生的知识、能力、素质结构、建设新的理论教学体系和实践教学体系以及学生应该具备的相关能力培养体系。

◆教材内容突出实用性,充分体现任务引领、实践导向的课程设计思想,结合行业工作实际和市场需求,突出知识与技能的实用性设计,力求课程与就业相结合,专业教学与企业需求相结合,教学内容与职业证书相结合,学用一体,与时俱进。

◆教材以学生为本,从项目介绍、任务描述、相关链接、综合实训(思考与练习、实训),既注重学生专业知识和技能的教育,又注重对学生综合职业能力和职业道德的培养,满足学生职业生涯发展的需要。

◆在教材编写模式上,内容展现图文并茂,文字表达简明扼要,知识拓展富有常识性和趣味性,符合学生的认知水平;实训和实践活动设计主题突出,具有可操作性,注重学生参与的广度和深度。

◆在教材编写过程中,致力于理论与应用、深度与广度、知识传授与技能培训、传统与创新、利教与利学、难易程度等关系的处理,坚持应用、创新、利学、技能培训优先的原则。

◆教材力求切合实际、与时俱进。将行业新理念、新知识、新材料、新技术、新工艺、新设施和新信息及时纳入教材,使教材更贴近行业发展和实际需要。

　　本教材的特点是通俗易懂、内容丰富，既可以作为酒店管理、餐饮管理及相关专业的教材，又可以作为调酒师培训教材和调酒爱好者的自学用书。

　　在编写过程中编者参阅了众多中外专家、学者的相关论著，并得到许多业内专家同行的指导，在此一并表示由衷的感谢。本教材的编写力求完美，但由于编者的水平有限，难免存在不足和疏漏，敬请广大读者批评指正。

编　者

目　录 Contents

项目一

酒吧及调酒师

项目介绍

　　调酒是人类文明发展的产物，随着酒店宾馆业的兴起和发展，酒吧作为一项特殊的服务项目也应运而生。调酒师作为酒吧业的形象代表，也已经成为一个时尚、热门、充满活力的职业。本项目将引领大家学习酒吧和调酒师的基本知识，通过深入各类酒店酒水服务部及酒吧调研、观摩和实习，了解市场动态、客人需求，从专业知识、专业技能、实践阅历等各方面充实自己。

任务一　认识酒吧

任务描述

　　通过学习，了解酒吧的定义和分类方法及酒吧的设计风格，掌握酒吧常用器具及其清洗与消毒方法，培养学生分析问题、解决问题的能力。并希望学生关注酒吧行业的发展动态和前景，通过社会实践和实地观摩，对酒吧有更深入的了解，提高学生对酒吧工作的兴趣。

一、酒吧的分类

　　酒吧是指专门为客人提供酒水和饮用服务的休闲场所。但也有一部分酒吧会根据客人需要提供一些简易食品。当今社会，各式酒吧异彩纷呈、种类繁多，成为现代都市的一道亮丽独特的文化景观。

相关链接

　　酒吧一词来源于英文"bar"，最初它只是一根横木的英语译音。

　　在美国西部，牛仔和强盗们很喜欢聚在小酒馆里喝几口酒。因为他们都是骑马而来，酒馆老板便在酒馆门前设了一根像栅栏一样的横木，用来拴马。后来，汽车取代了马车，骑马的人也少了，这些老旧的横木也多被拆掉了。有一位酒馆老板不愿意扔掉已成为酒馆象征的横木，便把它拆下来放在柜台下面，没想到却成了喝酒人垫脚的好地方，深受顾客好评。其他酒馆闻之也纷纷仿效，很快，柜台下放横木的做法便普及开来。由于横木在英语里念做"bar"，故人们索性就把酒馆称做"酒吧"了。

　　早期的酒吧诞生于乡村，随着社会的发展进入了城市，并在城市进一步发展。19世纪中期，旅游业开始发展，随之而来的是酒店宾馆的兴起和发展。酒吧作为一项特殊的服务项目也随之进入酒店服务业，并在服务中表现得越来越重要。

　　世界各地的酒吧不计其数，分类的角度和方式也各不相同。每一类型的酒吧虽然备有自己的特点和功能，但其经营目的都是相似的，即为客人提供酒水和服务，并赢得利润。

想一想

　　酒吧销售的主要商品是酒，所以要向所有客人全力推销酒品，以促进酒品销售，使酒吧利润最大化，这种想法对吗？

（一）根据服务方式分类

1. 立式酒吧

　　立式酒吧也称主酒吧，即最常见的吧台酒吧，是最典型、最具有代表性的酒吧设施。客人不需要服务员服务，自己直接到吧台前喝饮料，而调酒师则站在吧台里面，面对客人进行操作。调酒师在一般情况下单独工作，因此，他不仅要负责酒类和饮料的调制、服务及收款等工作，而且必须掌握整个酒吧的营业情况，所以立式酒吧是以调酒师为中心的酒吧。

2. 服务酒吧

　　服务酒吧多见于娱乐型酒吧、休闲型酒吧和餐饮酒吧。与立式酒吧不同，宾客不直接在吧台上享用饮料，而通常是通过服务员开票并提供饮料服务，因此调酒师在一般情况下不直接与客人接触。调酒师必须与服务员合作，按服务员开出的酒单配酒及提供各种酒类饮料，由服务员收款。所以服务酒吧是以服务员为中心的酒吧。

3. 宴会酒吧

宴会酒吧又被称为临时酒吧，是酒店、餐馆为宴会业务专门设立的酒吧设施。通常按鸡尾酒会、贵宾厅、婚宴形式的不同而作相应的摆设，但只是临时性的，变化很多。其吧台既可以是活动结构，能够随时拆卸移动，也可以永久地固定安装在宴会场所。

4. 鸡尾酒廊

鸡尾酒廊通常带有咖啡厅的特征，其格调及装修布局也类似。但只供应饮料和小吃，不供应主食。这类酒吧有两种形式：一是大堂酒吧，在饭店的大堂设置，主要为饭店客人暂时休息、约会、等人、候车而准备的；二是音乐厅，其中也包括歌舞厅和卡拉OK厅。

鸡尾酒廊还设有高级的桌椅、沙发，环境较立式酒吧幽雅舒适，其气氛安静，节奏缓慢，客人一般会逗留较长时间。鸡尾酒廊的营业过程与服务酒吧大致相同。

(二)根据经营形式分类

1. 附属经营酒吧

附属经营酒吧从属于某一企业或实体，如娱乐中心酒吧、购物中心酒吧、饭店酒吧，飞机、火车、轮船酒吧等。有助兴、休闲、休憩、消磨时间等功能。

2. 独立经营酒吧

独立经营酒吧单独设立。往往经营品种较全，服务及设施较好，或经营其他娱乐项目，交通方便。这类酒吧经常建于街巷、闹市等人口密集的地方，包括市中心酒吧、交通终点酒吧、景点酒吧等。

(三)根据服务内容分类

1. 纯饮品酒吧

纯饮品酒吧又称水吧，主要提供各类饮品，也有一些佐酒小吃。一般娱乐中心酒吧、机场码头车站等酒吧属此类。

2. 供应食品的酒吧

(1)餐厅酒吧。饮品只是餐厅经营的辅助品，仅作为吸引客人消费的一个手段，其酒水销售的利润相对于单纯的酒吧较低，品种也较少。

(2)小吃型酒吧。小吃的品种往往是具有独特风味及易于制作的食品，如三明治、汉堡、炸肉排或地方小吃，以酒水为主。

(3)夜宵式酒吧。往往是高档餐厅夜间经营场所。将餐厅布置成酒吧的形式，酒水与食品并重，客人可单纯享用夜宵或其特色小吃，也可单纯用饮料。

3. 娱乐型酒吧

娱乐型酒吧往往设有乐队、舞池、卡拉OK、时装表演、游艺设施等，有时甚至是以娱乐为主，酒吧为辅。此类酒吧气氛热烈、刺激豪放，有强烈的灯光设计和劲爆的音乐，适合寻求刺激、发泄情绪的群体，深受青年人喜爱。

4. 休闲型酒吧

休闲型酒吧通常也称为茶座，主要为寻求放松、谈话、约会的客人而设。酒吧座位舒适、灯光柔和、音响的音量低、环境温馨幽雅，供应的饮料品种以软饮料为主。

5. 俱乐部酒吧

俱乐部型酒吧也称为沙龙型酒吧，如"企业家俱乐部"、"股票沙龙"、"艺术家俱乐部"、"单身俱乐部"等。它是具有相同兴趣、爱好、职业背景、社会背景等的人群组成的松散型社会团体，在某一特定酒吧定期聚会，同时有饮品供应。

二、酒吧的结构和吧台的设计

(一)酒吧的结构

酒吧因服务规模的大小和功能不同，其外观式样、内部结构及装饰也各不相同。但所有酒吧都是由吧台(前吧)、操作台(中心吧)和酒柜(后吧)组成的。

第一，吧台高度为 1~1.2 m，但这种高度标准并非绝对，应依据调酒师的平均身高而定。

第二，前吧下方的操作台，高度一般为 76 cm，但也应根据调酒师身高而定。一般其高度应在调酒师手腕处，这样操作比较省力。操作台通常包括下列设备：三格洗涤槽(具有初洗、刷洗、消毒功能)或自动洗杯机、水池、拧水槽、酒瓶架、杯架以及饮料或啤酒配出器等。

第三，后吧高度通常在 1.75 m 以上，但顶部不可高于调酒师伸手可及处。下层一般为 1.1 m 左右，或与吧台(前吧)等高。后吧实际上起着储藏、陈列的作用，其上层的橱柜通常陈列酒具、酒杯及各种酒，一般多为配制混合饮料的各种烈酒，下层橱柜存放红葡萄酒及其他酒吧用品。安装在下层的冷藏柜则用来冷藏白葡萄酒、啤酒以及各种水。

第四，前吧至后吧的距离，即服务员的工作走道，宽度一般为 1 m 左右，且不可有其他设备向走道突出。服务酒吧中服务员走道通常相应增宽，有的可达 3 m，便于在供应量较大时堆放各种酒类、饮料、原料等。

(二)吧台的设置

1. 吧台设置的基本原则

(1)位置显著。吧台设置要因地制宜。客人一走进酒吧，即能看到吧台的位置，察觉吧台的存在。因为吧台是整个酒吧的中心和标志，所以吧台应处于酒吧显著的位置，如进门处、正对门处等。

(2)方便服务顾客人。吧台设置应顾及每一个角落客人的感受，并使其得

> **想一想**
>
> 在一个设备设施比较完善的酒吧里，干品储藏柜应放置在( )。
>
> A. 啤酒配出器上面
> B. 啤酒配出器下面
> C. 后吧
> D. 前吧

到方便快捷的服务。既要充分利用有限的空间容纳客人，也要便于服务员的服务活动，同时还要满足目标客人对环境的特殊要求。

(3)合理地布置空间。尽量使一定的空间既要多容纳客人，又不会使客人感到拥挤不堪和杂乱无章。吧台放置处要留有一定的空间以利于服务，避免服务员与客人争占空间，防止服务时因拥挤而洒落酒水。

2. 吧台的类型

酒吧吧台的设计多种多样，但大体上可分为以下几种类型。

(1)直线型。此类吧台较适合立式酒吧和服务酒吧。它为长条形设计，两端与墙壁连接，但并非拘泥于一条直线的形式，也可以是任何优美流畅的曲线造型。

直线型吧台的最大优点在于：酒吧调酒师或服务员在任何位置上都不会背对客人，从而有利于对整个酒吧的巡视和控制。直线型吧台的长度没有固定尺寸，一般认为，一个服务员能有效控制的最长吧台是3 m。

(2)马蹄型U形吧台。此类吧台造型较适合立式酒吧及鸡尾酒廊。多为马蹄型，两端抵住墙壁，在U形吧台的中间可以设置一个岛形储藏室以存放用品和放置冰箱。

吧台前配有高椅。一排排酒杯倒吊在吧台上方，显得典雅和谐，很适合喜欢清静高雅、独处的客人。但当客人较多时，很难对所有客人都服务周到。所以一般安排三个或更多的操作点。

(3)环形吧台或中空的方形吧台。这种吧台的中间有一个"孤岛"，供陈列酒类和储存物品用。它的好处是能够充分展示酒类，也能为客人提供较大的空间。但也有缺点，它使服务难度增大。在空闲时若只有一个服务员，则他必须照料四个区域，这样就会有一些服务区域不能处于有效的控制之中。

另外，吧台还可以是半圆形、椭圆形、波浪形等，但无论其形状如何，都应顾及操作方便及视觉美观。

三、酒吧的设备和用具

(一)酒吧基础设备

1. 前吧设备设施的种类及功能

(1)三格洗涤槽及滴净板(three－compartment sink with drainboard)。三格洗涤槽(见图1-1)分别具有初洗、刷洗及消毒功能，滴净板置于洗涤槽旁边，使已洗净的杯具不接触其他物品而自然将水渍滴干，最大限度地保持杯具的洁净卫生度。在国内，通常用洗杯机清洗杯子。

图1-1　三格洗涤槽

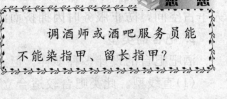

（2）洗手池（hand sink）。调酒师及服务员的专用洗手池。

（3）饰物配料盒（condiment tray）。在酒吧中装饰物需要大量使用，所以装饰物配料盒是必备的。

（4）储冰槽及酒瓶舱（ice chest with bottle wells）。酒吧经营离不开冰块，因此，前吧要设置储冰槽（见图1-2）。同时，在储冰槽旁配置酒瓶舱，一是可稳定酒瓶，不致被随手碰倒；二是可借助储冰槽的槽壁保持酒的冷却度。

（5）啤酒供应系统（draft-beer system）。该系统主要是啤酒配出器，一是可提供富有营养的生、鲜啤酒。二是可提高工作效率。

（6）软饮料供应系统（handgun for a soda system）。该系统主要是软饮料配出器，一可提高工作效率；二可保证饮品供应的一致性，避免浪费。但由于其价格昂贵，在国内的酒吧中很少见到。

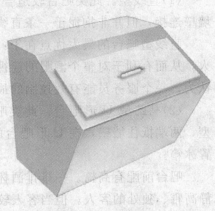

图1-2　储冰槽

（7）自动酒水供应系统（an electronic dispensing system）。该系统的功能与软饮料供应系统类似，主要用于供应酒吧常用酒。

（8）废物箱（waste dump）。为保证吧台内的清洁卫生，废物箱是绝对不可缺少的。

（9）酒杯上霜机（glass chiller）。它是用于冰镇酒杯的设备。

（10）电咖啡壶（coffee warmer）。它也称为咖啡加热壶。酒吧常使用的有渗滤式咖啡壶、滴漏式电咖啡壶、真空式电咖啡壶等，应根据需要使用。

（11）咖啡机（coffee-machine），见图1-3。它用于煮咖啡，有多种型号。

（12）电动搅拌器（electronic blender）。它既可以充分搅拌饮料，又可以搅拌鸡蛋、奶油等难以搅拌的食物，从而节省时间，提高饮料调制质量。常用搅拌器有手提式搅拌器、台式搅拌器。

（13）混合机（electronic mixer）。它也称为混合器，是一种混合食物的用具，它的用途很广，可以磨咖啡、杏仁，调制蛋奶酱、冰激凌，把水果捣烂以榨果汁和饮料等。

（14）果汁机（juice machine）。它有多种型号，主要作用有两个：一是冷冻果汁；二是自动稀释果汁。

图1-3　咖啡机

（15）奶昔搅拌机（blender milk shaker）。它可用于搅拌奶昔（一种用鲜牛奶加冰激凌搅拌而成的饮料）。

2. 后吧设备设施种类及功能

（1）收款机（cash register）。酒吧和餐厅中使用的收款机（收银机）一般应具有记录每一次交易及自动打印收据的功能，并有多个存款屉，以防止差错和作弊。另一种收款机还能将各种饮料的价格预先编入程序，服务员只要按动代表某一饮料的键钮，收款机自动记录这一次交易的金额，这种功能有效地减少了人为的输入错误。如果使用电子收款机，并与电子输出器连接，就能起到更完善的控制作用。这种设备不仅具有量度精确、服务迅速的优点，而且还具备控制收款、提供原料库存信息的功能。

（2）酒吧展示柜（tiered liquor display）。它是后吧上层的橱柜，镶嵌有玻璃镜，这样可以增加房间深度，也可使坐在吧台前的客人通过镜子的反射，欣赏酒吧内的一切。酒品展示柜通常陈列酒具、酒杯及各种名品酒瓶。

（3）酒杯储藏柜（cup storage）。有些酒吧将酒杯吊在吧台上方，做装饰用。而大量供客人使用的酒杯应放在酒杯储藏柜中，这样一是操作起来方便；二是让客人感到干净卫生。

（4）瓶酒储藏柜（liquor storage）。它用于存放烈性酒、红葡萄酒等无须冷藏存放的酒品及其他酒吧用品。

（5）干品储藏柜（dry storage）。它用于存放干果品、小食品等。

（6）电冰箱（refrigerated storage）。它是酒吧中用于冷冻酒水饮料，保存适量酒品和其他调酒用品的设备。有的酒吧配备两个冰箱，一个用于冷藏白葡萄酒、啤酒及各种水果原料；另一个可存放饮料、配料、装饰物等。

（7）制冰机（ice cube machine）。它又称为冷粒机，是一种专门生产小块食用冰的冷冻设备（见图1-4）。形状有长方形、正方形、棱柱、棱台、圆柱、圆台、薄片等。制冰机往往还配有一些附属装置，不仅可以制作大小、形状不同的冰粒，还可以得到破碎的、不规则的细冰粒以及粉碎成极小的薄冰"雪花"，也称刨冰。

图 1-4　制冰机

（8）洗杯机（washing machine）。它有自动喷射装置和高温蒸汽管。较大的洗杯机可放入整盘的杯子清洗。一般将酒杯放入杯筛中再放进洗杯机里，调好程序按下电钮即可清洗。有些较先进的洗杯机还有自动输入清洁剂和催干剂装置。洗杯机有多种型号，可根据需要选用。

(二)酒吧常用杯具

1. 酒杯

酒杯（glasses）是用来盛放酒水的容器，有一般平光玻璃杯、刻花玻璃杯和水晶玻璃杯等。根据酒杯的档次每一种杯都有许多不同的样式。

　　酒杯的容量习惯用盎司（OZ）来计算，现在又统一按毫升（mL）来计算，1盎司＝28毫升。

　　酒杯的主要类型见表1-1。

表 1-1　酒杯的主要类型

种类	特征	图示	种类	特征	图示
烈酒杯（shot glass）	其容量规格一般为56 mL，用于各种烈性酒。只限于在净饮（不加冰）的时候使用（喝白兰地除外）		古典杯（old fashioned or rock glass）	其容量规格一般为224～280 mL，大多用于喝加冰块的酒和净饮威士忌酒，有些鸡尾酒也使用这种酒杯	
果汁杯（juice glass）	容量规格一般为168 mL，喝各种果汁时使用		海波杯（highball glass）	容量规格一般为224 mL，用于特定的鸡尾酒或混合饮料，有时果汁也用海波杯	
柯林杯（collins）	容量一般为240～360 mL，用于烈酒加汽水或苏打水、各类汽水、矿泉水和一些特定的鸡尾酒（如各种长饮）		浅碟型香槟杯（champagne saucer）	容量规格一般为126 mL，用于喝香槟和某些鸡尾酒	
郁金香型香槟杯（champagne tulip）	容量规格为126 mL，只用于喝香槟酒		白兰地杯（brandy snifter）	容量规格为224～336 mL，净饮白兰地酒时使用	
水杯（water glass）	容量规格为280 mL，喝冰水和一般汽水时使用		啤酒杯（pilsner）	容量规格为280 mL，餐厅里喝啤酒用。在酒吧中，女士们常用这种杯喝啤酒	
扎啤杯（beer mug）	在酒吧中一般喝生啤酒用		鸡尾酒杯（cocktail glass）	容量规格为98 mL，调制鸡尾酒以及喝鸡尾酒时使用	

续表

种类	特征	图示	种类	特征	图示
利口酒杯（liqueur glass 或 cordial glass）	容量规格为 35 mL，用于喝各种餐后甜酒、鸡尾酒、天使之吻鸡尾酒等		白葡萄酒杯（white wine glass）	容量规格为 98 mL，喝白葡萄酒时使用	
红葡萄酒杯（red wine glass）	容量规格为224 mL，喝红葡萄酒时使用		雪利酒杯（sherry glass）	容量规格为 56 mL 或 112 mL，专门用于喝雪利酒	
波特酒杯（port wine glass）	容量规格为 56 mL，专门用于喝波特酒		特饮杯（hurricane）	容量规格为336 mL，喝各种特色鸡尾酒	
酸酒杯（whisky sour）	容量规格为112 mL，喝酸威士忌鸡尾酒时使用		爱尔兰咖啡杯（Irish coffee）	容量规格为210 mL，喝爱尔兰咖啡时使用	
果冻杯（sherbert）	容量规格为 98 mL，吃果冻、冰激凌时使用		苏打杯（soda glass）	常用容量规格为 448 mL，用于吃冰激凌	

2. 调酒用具

酒吧用具很多，应根据酒吧的需要选用。

调酒壶(shaker)。如图 1-5 所示，用于调制鸡尾酒，按容量分大、中、小三种型号。

调酒杯(mixing glass)。如图 1-6 所示，用于调制鸡尾酒。

调酒棒(blender)。用于搅拌。

酒吧匙(bar spoon)。分大、小两种，用于调制鸡尾酒或混合饮料。

开塞钻(cork screw)。如图 1-7a 所示，用于开启红、白葡萄酒酒瓶的木塞。

开瓶器(bottle opener)。用于开启汽水、啤酒瓶盖。

开罐器(can opener)。如图 1-7b 所示，用于开启各种果汁、淡奶等罐头。

a   b

图 1-5　调酒壶　　图 1-6　调酒杯　　图 1-7　开塞钻和开瓶器

香槟塞(champagne bottle shutter)。打开香槟后，用作瓶塞。

量杯(量酒器)(jigger)。又叫盎司杯，用于度量酒水的分量，如图 1-8a 所示。

滤冰器(strainer)。调酒时用于过滤冰块，如图 1-8b 所示。

剥皮器(zest)。

滤酒器(decanter)。如图 1-8c 所示，有好几种规格，如 168 mL、500 mL、1 000 mL 等，用于过滤红葡萄酒或出售散装红、白葡萄酒。

倒酒器(pourer)。用于倒酒，以控制倒酒量，如图 1-8d 所示。

榨汁器(squeezer)。挤新鲜果汁用。

漏斗(funnel)。倒果汁、饮料用。

砧板(cutting board)。用于切水果等装饰物。

果刀(fruit knife)。切水果等装饰物。

叉子(relish fork)。用来叉洋葱或水橄榄等装饰物。

冰夹(ice tong)。夹冰块用。

冰铲(ice container)。装冰块用，如图 1-8e 所示。

柠檬夹(lemon tongs)。夹柠檬片用，如图 1-8f 所示。

鸡尾酒签(cocktail pick)。穿装饰物用。

吸管(straw)。客人喝饮料时用。

杯垫(coaster)。垫杯用。

宾治盘(punch bowl)。装什锦水果宾治或冰块用。

冰桶(ice bucket、wine cooler)。客人饮用白葡萄酒或香槟酒时作冰镇用。

水罐(water pitcher)。容量规格为 1 000 mL，装冰水、果汁用。

其他调酒用具还有打蛋器、冰勺、糖缸、调料罐等。

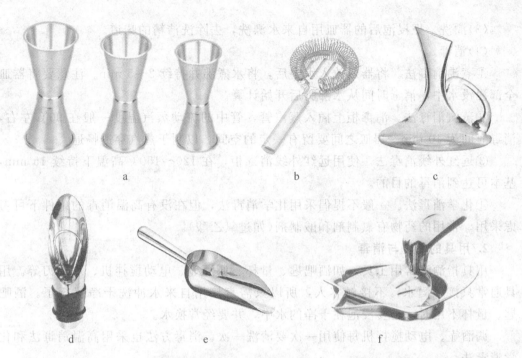

图 1-8　调酒用具

a—盎司杯；b—滤冰器；c—滤酒器；d—倒酒器；e—冰铲；f—柠檬夹

3. 服务用品

酒单。用于向客人展示酒吧所提供的消费品。

盘、碟。用于盛放佐酒小吃、食品、水果拼盘等。盘和碟的类别是以盘口直径划分的，5 寸以上者为盘，4 寸以下者为碟。宽边浅底的圆盘称为平盘，鱼盘多为圆形，在酒吧中多用于水果拼盘。

咖啡杯。有柄无盖的称为耳杯，又称咖啡杯。

茶托。

烟碟。可以是玻璃制品，也可以是陶瓷或不锈钢制品。

托盘及收费盘。托盘用于酒吧服务员对客人的服务，有 10 英寸和 14 英寸两种。收费盘供服务员收费之用。

另外，有些类型的酒吧在每个桌台上还备有烛台、花瓶等。

(三)常用器具的清洗与消毒

1. 器皿的清洗与消毒

器皿包括酒杯、碟、咖啡杯、咖啡匙、点心叉、烟灰缸等(烟灰缸只用自来水冲洗干净就行了)。清洗消毒通常分为 4 道程序：冲洗—浸泡—漂洗—消毒。

(1)冲洗。用自来水将用过的器皿上的污物冲掉，这道程序必须注意冲干净，不留任何点、块状的污物。

(2)浸泡。将冲洗干净的器皿(带有油迹或其他不易冲洗的污物)放入洗洁精溶剂中浸泡，然后擦洗直到没有任何污物。

(3)漂洗。把浸泡后的器皿用自来水漂洗，去除洗洁精的味道。

(4)消毒。

①煮沸消毒法。将器皿放入水中后，将水煮沸并持续 2～5 min。注意要将器皿全部浸没水中，消毒时间从水沸腾后开始计算。

②蒸汽消毒法。消毒柜上插入蒸汽管，管中的流动蒸汽温度一般在 90℃左右，消毒时间为 10 min。器皿之间要留有一定的空间，以利于蒸汽穿透畅通。

③远红外线消毒法。使用远红外线消毒柜，在 120～150℃高温下持续 15 min，基本可达到消毒的目的。

④化学消毒法。一般不提倡采用化学消毒法，但在没有高温消毒的条件下可考虑采用。常用的药物有氯制剂和酸制剂（如过氧乙酸）。

2. 用具的清洗与消毒

用具指酒吧常用工具，如酒吧匙、量杯、调酒壶、电动搅拌机、水果刀等。用具通常只接触酒水，不接触客人，所以只需直接用自来水冲洗干净就行了。酒吧匙、量杯不用时一定要浸泡在干净的水中，并要经常换水。

调酒壶、电动搅拌机每使用一次要清洗一次。消毒方法也采用高温消毒法和化学消毒法。

常用的洗杯机是将浸泡、漂洗、消毒 3 道程序结合起来的，使用时先将器皿用自来水洗干净，然后放入筛中推入洗杯机中就行了。

任务二　认识调酒师

任务描述

本任务带领学生明确调酒师的职务要求、调酒师的岗位职责与工作内容、调酒师的职业素质要求等；并通过课堂实训和社会实践，激发学生对本课程的学习兴趣，明确学习的目标和方向。

一、调酒师的职务要求

调酒师（bartender or barman）是指在酒吧或餐厅专门从事配制酒水、销售酒水，并让客人领略酒的文化和风情的从业人员。调酒师是整个酒吧的焦点和最佳形象代表，迅速发展的酒吧业对调酒师综合素质要求越来越高。从外部形象到内在修养，从专业知识到专业技术，从个性品质到创新能力，调酒师面临的考核标准越来越严格。

调酒师的职务要求包括：

第一，至少掌握一门外语，并能从事酒吧服务。

第二，掌握酒水的基本知识，熟悉酒水生产过程、酒品特性，熟悉茶叶、咖啡等各种非酒精饮料的相关知识。

第三，具有一定的酒水服务技能和鸡尾酒调制技能。

第四，具有较强的事业心和责任感，工作认真，主动踏实，具有吃苦耐劳的精神。

第五，品德高尚，勤奋好学，头脑灵活，思维敏捷。

第六，具有较强的社交能力，能与客人和同事友好相处。

第七，受过一定的专业培训。

相关链接

调酒师必须具备的个性品质

1. 激情。在调酒界有这样一句话：好的调酒师既会调酒又会"调情"。品酒就是在品味情调和生活。

2. 记忆力。好的调酒师会记住更多的配方，并能熟练应用和创新。

3. 色觉。调酒是一门艺术，合理地搭配颜色，在感官上取悦客人，是调酒师必备的技能。

4. 性格。作为调酒师要性格开朗，乐于沟通，善于营造轻松愉快的氛围。

二、调酒师的岗位职责与工作内容

酒吧调酒师的工作任务包括：酒吧清洁、酒吧摆设、调制酒水、酒水补充、应酬客人和日常管理等。

第一，按规定程序正确、快捷地为客人提供服务。

第二，按正确的配方负责酒吧内所有饮料的调配工作。

第三，认真做好营业前的各项准备工作，并按要求布置酒吧。

第四，负责酒吧日常酒水的申请、补充和保存工作。

第五，直接听取客人订单和接受服务订单。

第六，负责酒吧日常酒水盘点工作，并填写每日销售盘点表。

第七，做好酒吧日常清洁卫生工作，负责酒吧日用品和设备的清洁、保养工作。

第八，负责每日检查冰箱的储藏温度和安全。

第九，虚心学习新的鸡尾酒配方，并不断推陈出新。

第十，完成酒吧领班布置的其他任务。

三、调酒师的职业素质要求

调酒师是一种综合多种职能的职业——拥有魔幻杂技般的调酒技巧、开朗的性格和热情的待客之道，必须具备较高的综合素质。

(一)调酒师的仪容仪表要求

1. 服饰礼仪

调酒师穿着应大方得体，整洁雅致，方便工作，富有行业特点。

(1)调酒师的制服通常包括背心、衬衣、领结和西裤。制服必须保持干净、整洁、衬衣要每天更换。

(2)男调酒师工作时应穿黑色皮鞋，深色袜子；女调酒师可以穿肉色袜子，鞋面保持清洁，光亮无破损。

2. 仪容修饰

(1)头发勤梳洗，男调酒师不得留长发、胡子、大鬓角；女调酒师以短发为宜，若是长发，必须束起来，且不适宜用色泽鲜艳的头饰、发夹。

(2)保持指甲的清洁，不得留长指甲，也不能涂有色指甲油。

(3)佩戴饰物要适度。

(4)注意个人卫生，勤洗澡理发，勤换制服，保持脸部和手部清洁。

(5)巧用化妆常识，保持面部清洁亮丽。女调酒师要化淡妆，男调酒师要经常修面，每天剃胡须。

3. 工作仪态

(1)调酒师要保持站立服务。站立时两脚分开与肩同宽，双手自然下垂或放在背后，身体挺直端正。

(2)不能把手插进衣袋或裤袋中，不能靠墙、靠柱或吧台站立。

(3)不得大声说笑、打闹，不得在客人面前做挖耳、挖鼻等不雅动作。

(4)不得在酒吧或公共场所奔跑，走路要轻快，禁止与客人抢道。

(5)与客人沟通时，要面带微笑。

(6)工作时不得吃零食或嚼口香糖。

4. 礼貌礼节

(1)巧用礼貌用语。见到客人应主动问候，询问时用"请"字开头。

(2)必须以"先生"、"女士"、"小姐"等称呼客人，最好加上姓氏。不能用"喂"称呼。

(3)女士优先，礼让妇女、儿童和老人。

(4)客人离开时要道谢，欢迎再次光临。

(5)注意尊重客人的宗教信仰和风俗习惯。

(二)调酒师的职业道德素质要求

第一，平等待客、以礼待人。

第二，方便客人、优质服务。

第三，清洁卫生、保证安全。

第四，公平守信、合理盈利。

第五，忠于职守、廉洁诚实。

第六，团结协作、友善服务。

(三)调酒师专业素质要求

1. 调酒师的专业知识素质

(1)酒水知识。掌握各种酒的产地、特点、制作工艺、名品及饮用方法，并能鉴别酒的质量、年份等。

(2)原料的储藏知识。了解原料的特性,以及酒吧原料的申领、保管、储藏知识。

(3)设备、用具知识。掌握酒吧常用设备的使用要求、操作过程及保养方法,以及用具的使用、保管知识。

(4)酒具知识。掌握酒杯的种类、形状及使用要求、保管知识。

(5)营养卫生知识。了解饮料营养结构,酒水与菜肴的搭配以及饮料操作的卫生要求。

(6)安全防火知识。掌握安全操作规程,注意灭火器的使用范围及要领,掌握安全自救的方法。

(7)酒单知识。掌握酒单的结构,所用酒水的品种、类别以及酒单上酒水的调制方法,服务标准。

(8)酒谱知识。熟练掌握酒谱上每种原料用量标准、配制方法、用杯及调配程序。

(9)掌握酒水的定价原则和方法。

(10)习俗知识。掌握主要客源国的饮食习俗、宗教信仰和习惯等。

(11)英语知识。掌握酒吧饮料的英文名称、产地的英文名称,用英文说明饮料的特点以及酒吧服务常用用语、酒吧术语。

(12)其他知识。

2. 调酒师的专业技能素质

(1)设备、用具的操作使用技能。正确地使用设备和用具,掌握操作程序,不仅可以延长设备、用具寿命,也是提高服务效率的保证。

(2)酒具的清洗操作技能。掌握酒具的冲洗、清洗、消毒方法。

(3)装饰物制作及准备技能。掌握装饰物的切分形状、薄厚、造型等方法。

(4)调酒技能。掌握调酒的动作、姿势等以保证酒水的质量和口味一致。

(5)沟通技巧。善于发挥信息传递渠道的作用,进行准确、迅速的沟通。同时提高自己的口头和书面表达能力,善于与客人沟通和交谈,能熟练处理客人的投诉。

(6)计算能力。有较强的经营意识和数学概念,尤其是对价格、成本毛利和盈亏的分析计算,反应要快。

(7)解决问题的能力。要善于在错综复杂的矛盾中抓住主要矛盾,能从容不迫地处理紧急事件及客人投诉。

综合实训

一、思考与练习

1. 名词解释

调酒师　酒吧　立式酒吧

2. 选择题

(1)吧台与冰柜之间比较理想的空间距离应为(　　)。

A. 0.5~0.75 m　　　B. 0.75~1 m　　　C. 1~1.25 m　　　D. 1.25~1.5 m

(2)调酒师的重要职责之一是(　　)。

A. 随意调配酒吧内的所有饮料

B. 按任意配方调配酒吧内的所有饮料

C. 按正确配方调配酒吧内的所有饮料

D. 按自己的创造调配酒吧内的所有饮料

(3)酒吧的制冷设备主要有冰箱、立式冷柜、制冰机、(　　)。

A. 碎冰机和果汁机　　　　　　　　　　B. 生啤机和果汁机

C. 碎冰机和生啤机　　　　　　　　　　D. 榨汁机和生啤机

(4)常用调酒用具应摆放在(　　)。

A. 抽屉里　　　　　B. 吧台上　　　　C. 操作台上　　　　D. 酒架上

3. 简答题

(1)调酒师的职业素质要求有哪些?

(2)调酒师的岗位职责与工作内容有哪些?

(3)简述酒吧的分类方法。

(4)简述酒吧的结构和吧台的类型。

(5)酒吧常用器具的清洗与消毒方法有哪些?

二、实训

1. 调酒师职业素质要求训练

训练目的:规范仪容仪表和言行举止,提升职业气质。

训练内容与要求:进行仪容仪表修饰,站姿、走姿、面部表情练习。创设模拟情境,进行礼貌礼节的练习。

2. 酒吧常用设备和器具识别能力训练

训练目的:利用实物,能迅速辨认出各种杯具、设备名称及用途。

训练内容与要求:有条件的教学场所,可以课堂训练;条件不足的,可以借助行业调研的机会进行识别和训练。

3. 酒吧功能识别能力训练、实地观摩和调酒技术行业调研

训练目的:增强对酒吧或酒水部的服务内容、设计风格及调酒师日常工作内容的感性认识,了解酒吧行业发展的动态和前景,明确用人单位对调酒师的专业素质要求,激发学生的专业兴趣,明确学习方向。

训练内容与要求:到星级饭店酒水部或酒吧进行观摩和调研,提交书面调查报告,适当加一些单据及现场拍摄图片以支持报告论点。

项目二

酒水认知

项目介绍

　　从人类漫长的饮料发展史来看，酒水融汇了各国丰富的科学技术和民族文化，如今酒水的生产不仅成为一门工业技术，而且酒水的品鉴也成为一门专业的学问。酒水分为酒精饮料和非酒精饮料两类。本项目从酒精饮料——酒的起源开始——一介绍酒的定义、酒的作用、酒的分类及其特点，目的是让学生从整体上对酒有一个清楚的认识，能初步识别酒水的类别，为以后的学习奠定良好的理论基础。

相关链接

酒的起源

　　关于酒的起源，众说不一，至今尚无定论。古人对酒的认识缺乏科学的知识和方法，他们把酒的发明归功于神明。比如古希腊的酒神"狄奥尼索斯（Dionysus）"；古埃及的酒神"俄赛里斯（Osiris）"（见图2-1）；古罗马的酒神"巴克斯（Bacchus）"；中国的酒神"杜康"。

图2-1　俄赛里斯

　　首先，可以明确的一点，那就是：酒最初是在大自然中自然生成的。早在人类生产以前，酒已经在自然界中存在了。它是一种有机化合物质，是糖在酶的作用下分解变成酒精。在远古的时候，含糖量丰富的果子成熟之后没有被采摘，自然脱落，沉积在山谷中，在一定的水分和温度条件下，果子外皮上的酶素活跃起来，发生了化学变化，将果汁分解成酒浆，酒便在自然界中生成了。

　　农业的兴起使人类踏上了通往现代社会之路，标志其开端的是谷物的种植。最早的农业出现在约 1 万年前的近东地区；同时，最早的酒类也随之诞生，它就是我们今天啤酒的雏形。罗马帝国灭亡后人们对古罗马的文化重新探索，在这段时期，一系列新生饮品涌现出来。它们的出现应归功于一种蒸馏技术的发明，事实上这种蒸馏技术源自古代的炼金术，后经阿拉伯学者们的改进而得。蒸馏后的酒类饮品酒精浓度高，稳定性强，因此非常适合海运。

任务一　酒水的定义及作用

　　酒水是各类酒店提供的主要饮料之一，是人们日常生活中的一种常见饮品。本任务主要介绍酒水的定义，以及酒水的作用，通过学习，让学生更全面地认识酒水的作用和功能，从而更好地提供相关服务。

一、酒水的定义

　　酒水是指除水以外，所有可供人类饮用的经过生产工艺加工制造的液态食品。按照饮料中是否含有酒精成分，分为酒精饮料和非酒精饮料两类。

　　酒精饮料(alcoholic drink)，也就是酒，是指饮料中的酒精浓度在 0.5% 以上的饮料。酒是一种用粮食、水果等含淀粉或糖的物质，经发酵、蒸馏、勾兑而成的含酒精、刺激性的饮料。主要的酒品有：啤酒、葡萄酒、中国白酒、白兰地、威士忌等。

　　非酒精饮料，又称软饮料(soft drink)，是指不含酒精或酒精含量在 0.5% 以下的饮料。主要的品种有：咖啡、茶、碳酸饮料、果汁等。

二、酒水的作用

　　酒水是人类生活中不可缺少的液态食品。在庆典、聚会、宴席中尤为重要。酒精饮料也是人类生活中的嗜好品。

(一)医疗保健作用

　　中医历来认为酒具有通筋活络的作用。所以，中医至今还一直沿用在酒中加泡药材的方法来治病保健。现代医学认为，少量饮酒具有以下功效：能促进胃肠蠕动帮助消化；增进血液循环，使血管扩张；能使人精神兴奋、增加食欲、消除疲劳、活跃思维。另外，许多低度的酒精饮料(如啤酒、黄酒、葡萄酒等)含有非常丰富的维生素、蛋白质、矿物质。

相关链接

李时珍在《本草纲目》中写道：酒"少饮则和血行气，壮神御寒"。

1. 驱寒

通常情况下，每一克酒精产生的热量约为 7 kcal。人体每千克体重每小时可气化酒精 0.1 g 左右。所以饮酒实际上是对人体进行热能的补充，人有了足够的热量，自然就增强了御寒的能力。

2. 助消化

酒是以粮食或水果为主要原料的，因此酒中含有多种人体健康所需要的营养成分。如酒中所含有的氨基酸和一定数量的碳水化合物、蛋白质、无机盐和多种维生素，这些营养成分都能对胃产生刺激作用，适量饮用低度酒，可以增加胃液的分泌，增进食欲并帮助消化。

3. 舒筋活血

我国民间早已普遍使用酒来为扭伤或因寒湿引起疼痛的病人涂擦，就是利用酒可以舒筋活血的作用。此外，由于酒精的挥发性强，用酒在中暑、发高烧、抽筋或惊厥的病人的身体上擦拭，就是利用酒精蒸发时可以带走大量热量的原理来降低体温。在外国酒中，据说朗姆酒兑热水是冬天治疗感冒的特效药。

但是大量饮酒会对人体产生极大危害。

世界卫生组织国际协作研究指出：男性安全饮酒的限度是每天不超过 20 g 酒精，女性每天不超过 10 g。一般来说，人们每次饮酒时，当血液中酒精浓度达到 0.05%～0.2% 时，大脑的抑制功能减弱，记忆力减退，辨别力、集中力、理解力明显下降。此时，饮者往往无法保持往常的文明和礼貌，变得粗野、喋喋不休、夸夸其谈、东倒西歪，甚或打斗闹事。当人的血液中酒精浓度达 0.4% 时，饮者就会陷入昏睡、昏迷，面色苍白，呼吸减慢，体温下降，甚至丧失生命，长期较大量的饮酒，也可以造成慢性酒精中毒，出现智力减退，易患慢性胃炎，肝、心、肾等变性，肝硬化、多发性神经炎等疾病。经常饮酒的人，往往不注意食物的营养，加上酒精能消耗体内的硫胺素（维生素 B_1）和烟酸（抗糙皮病维生素），从而导致精神上和器官上产生障碍。饮酒过量的人常有营养不良的现象。实验结果显示即使很少量的酒精也会影响正常人的短期记忆能力。长期酗酒的人因为维生素 B_1 不足，会患严重的健忘症。

(二)交际作用

酒在社交礼仪方面有着重要的作用，人只要生活就离不开交往，而酒就成为交际的主要媒介之一。节日庆典、民俗活动离不开酒水，接风洗尘离不开酒水，宣泄感情也离不开酒水，所以酒是人类沟通的桥梁，联系感情的纽带。

(三)去腥调香的作用

无论是中式大菜还是西式佳肴，调香时用酒屡见不鲜，这是因为酒中含有各种醇类物质，可以中和菜肴中的浓烈气味，能够去腥气、解油腻，并且可以产生鲜美的口味，如黄酒是中餐中不可缺少的调料酒，朗姆酒是西餐中必备的调料酒。

任务二　酒水的特点及分类

任务描述

本部分的主要任务是让学生了解酒的主要成分——乙醇的特点，酒度的表示方法以及酒度的计算。详细掌握酒水的各种分类方法，以及每一类的代表酒水。培养学生初步的酒水识别能力。

案例与思考

小李是某酒店西餐厅的一名服务员，这天晚上接待了 3 名外国客人，这 3 名客人分别点了海鲜、法式鹅肝、芝士蛋糕。

请问：按照西餐酒水配餐要求，小李应该给这三种菜配什么酒呢？

一、酒水的特点

酒中最主要的成分是乙醇，俗称酒精(alcohol)，化学式为 C_2H_5OH。乙醇的物理性质是：常温条件下呈液态、无色透明、易挥发、易燃烧。其沸点为 78.3℃，冰点为 −114℃，不易感染细菌，刺激性较强，可溶解酸、碱和少量油类，不溶解盐类，可溶于水。当酒精度是 52°～53°时与水的结合最紧密，刺激性相对较小，我国大多数白酒都是此度数。

二、酒度

酒度就是乙醇在酒中的含量，是对酒中乙醇含量的表示。

(一)酒度的表示方法

酒液中乙醇含量的表示方法传统上有三种方式：英制(Sikes)、美制(Proof)、欧洲方式(GL)。目前世界上大多数国家已经统一实行 GL 标准(包括英国)，我国也采用此种方法来表示饮品的乙醇含量，只有美国和一些少数国家仍沿用 Proof 方式表示酒度。

欧洲酒度。也称国际标准酒度，是由法国的盖·吕萨克(Gay Lussac)发明，因此缩写成 GL，用百分比的形式表示。它是指在 20℃的条件下，每 100 mL 酒液中含有的乙醇量。中国酒都采用此种方式表示酒度。

美制酒度。是指在 60℉的条件下，200 mL 的酒液中所含有的乙醇量。

英制酒度。是英国的克拉克（Clark）创造的一种酒度计算方法。它是在51℉的条件下比较相同容量的水和酒，当酒的重量是水的12/13时，它的酒度定为1 Sikes。

（二）酒度的换算

三种酒度的换算比例具体为：

英制酒度÷1.75＝标准酒度

标准酒度×2＝美制酒度

英制酒度×7/8＝美制酒度

算一算：500 mL×××酒的度数为52°，请计算此酒的美制酒度及英制酒度。

三、酒水的分类

（一）按酒的生产工艺分类

酒的酿造工艺主要分成三种：酿造酒（发酵酒）、蒸馏酒和配制酒，同时也代表了酒类产生的三个阶段。

1. 酿造酒

酿造酒是指酿造原料直接放入容器中加入酵母发酵酿制而成的酒液。常见的酿造酒有：葡萄酒、黄酒、啤酒和清酒等。

2. 蒸馏酒

蒸馏酒是指把水果或谷物酿制而成的原料酒加以蒸馏，并经过稀释、调

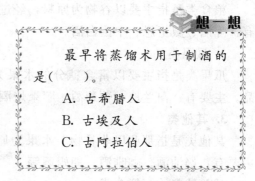

想一想

最早将蒸馏术用于制酒的是（　）。

A. 古希腊人

B. 古埃及人

C. 古阿拉伯人

香、陈酿、勾兑等一系列生产工艺而制成的酒。通常可经过一次、两次或多次的蒸馏，来提高酒精的浓度和质量。常见的蒸馏酒有：中国白酒、白兰地、威士忌、朗姆酒、金酒、伏特加、特基拉。

相关链接

简单的蒸馏设备早在公元前4000年就在美索不达米亚（今阿拉伯半岛）出现了，这种装置最初是用来生产香水的。古埃及人曾用蒸馏术制造香料。在古希腊时代，亚里士多德（Aristotle）曾经写道："通过蒸馏，先使水变成蒸汽继而使之变成液体状，可使海水变成可饮用水"。在中世纪早期，阿拉伯人发明了酒的蒸馏。

3. 配制酒

配制酒是以葡萄酒、蒸馏酒或食用酒精为酒基，以各种香味植物为调料，采用浸泡、串香、勾兑、混合等方法配制而成的酒。常见的配制酒有：味美思、比特酒、利口酒，中国配制酒如竹叶青、玫瑰露酒、人参露酒。

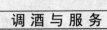

(二)按酒精含量分类

按照酒精含量的多少，酒水可分为：低度酒、中度酒和高度酒三种类型。

1. 低度酒

酒精度在20°以下的酒为低度酒，常见的低度酒有：葡萄酒、黄酒、清酒等。

2. 中度酒

酒精度在20°～40°的酒为中度酒，常见的中度酒有：开胃酒、甜食酒、利口酒、竹叶青等。

3. 高度酒

酒精度在40°以上的酒为高度酒，一般的蒸馏酒都属于高度酒，常见的高度酒有：白兰地、威士忌、茅台、五粮液等。

(三)按酿制酒水的原料分类

1. 粮食类

粮食类是指主要以谷物为原料，经过发酵或蒸馏等工艺酿制而成的酒品。主要有：啤酒、威士忌、中国白酒。

2. 瓜果类

瓜果类是指主要以富含糖分的水果为原料，经过发酵或蒸馏等工艺制成的酒品。主要有：白兰地、葡萄酒、苹果烧酒等。

3. 其他类

其他类是指那些以非谷物、水果为原料酿制的酒，一般淀粉或糖的含量较高。主要有：奶油酒、咖啡酒、朗姆酒等。

(四)按餐饮习惯分类

按西餐配餐的方式酒水分为四个类型：餐前酒、佐餐酒、甜食酒、餐后酒。

1. 餐前酒

餐前酒也称开胃酒，是指在餐前饮用的酒，饮用后能使人的胃口大开、增加食欲的饮料，一般来说口味偏酸或微苦。常见的有味美思、比特酒。

2. 佐餐酒

佐餐酒一般指葡萄酒，是西餐配餐的主要酒品。主要有：红葡萄酒、白葡萄酒、桃红葡萄酒等。

3. 甜食酒

甜食酒是指在西餐中佐食甜品的酒品。口味偏甜，一般以葡萄酒为酒基调制而成。常见的有雪利酒、波特酒等。

4. 餐后酒

餐后酒一般指利口酒，是在餐后供饮用的酒品，有帮助消化的作用。

相关链接

1. 餐前选用的开胃酒可以与汽水、果汁等混合饮用，也是作为餐前饮料。以金巴利酒为例：金巴利酒加苏打水或金巴利加橙汁。其他开胃酒如味美思等也可以照此混合饮用。除此之外，还可调制许多鸡尾酒饮料。

2. 冷盘和海鲜用白葡萄酒。

3. 肉禽野味选用红葡萄酒。

4. 甜食选用甜型葡萄酒或汽酒。

酒与酒的搭配原则是：低度酒在先高度酒在后；有气在先，无气在后；新酒在先、陈酒在后；淡雅风格在先，浓郁风格在后；普通酒在先，名贵酒在后；白葡萄酒在先，红葡萄酒在后，并最好选用同一国家、地区的酒作为宴会用酒。

综合实训

一、思考与练习

1. 名词解释

酒水　酒精饮料　标准酒度　甜食酒

2. 填空题

(1) 非酒精饮料，是指饮料中的乙醇浓度在_____以下的饮料。

(2) 乙醇(酒精)的沸点为_____℃，冰点为_____℃。

(3) 按照酿造工艺，酒分成_____、_____、_____三种。

3. 简答题

(1) 简述酒水的功能及作用。

(2) 酒度表示有哪几种方式？

(3) 简述酒水的分类方法。

二、实训

1. 酒水识别

实训目的：学会简单的酒水识别方法。

训练内容与要求：从标识、口味、气味、口感、色泽五方面认识以下几种蒸馏酒：白兰地、威士忌、朗姆酒、特基拉、中国白酒。

2. 调查酒水市场和酒水价格

实训目的：了解当地酒水市场的销售情况和几种名酒的价格、品牌、包装情况。

训练内容与要求：走访当地大型超市、商场，了解白兰地、威士忌、朗姆酒、特基拉、中国白酒的价格、品牌和包装。

项目三

酿 造 酒

　　酿造是酒类生产过程中最原始的制造方法，酿造酒也称发酵酒、原汁酒，是以粮谷、水果、乳类等为原料，主要经酵母发酵等工艺酿制而成，酒精含量小于24％的饮料酒。本项目将详细介绍中国黄酒、日本清酒、葡萄酒、啤酒等主要酿造酒的特点、分类、著名产地和品牌等，使学生从整体上对酿造酒有一个清楚的认识，熟悉葡萄酒、黄酒、啤酒、日本清酒的服务程序、标准以及服务要求，为今后的鸡尾酒调制奠定基础。

任务一　中国酿造酒

　　本任务主要介绍中国黄酒、啤酒、葡萄酒三类国产酿造酒特点、分类和主要品牌和产地，通过学习，使学生清楚认识中国酿造酒的历史和概况，熟悉中国酿造酒的饮用服务标准。

　　中国酿造酒的历史十分悠久，其中黄酒与啤酒、葡萄酒并称为世界三大古酒，在世界酿造酒中占有重要的一席之地。

一、黄酒

黄酒是我国现有最古老的、特有的酒精饮料。四千多年前，我们祖先酿造的酒就是黄酒的最初产品。经过长久以来的经验积累，黄酒成为一种风味独特、品质优异的酒品。

黄酒的主要原料是糯米、粳米、黍米。原料经蒸煮、摊晾后，加入酒曲浸水（或加入酵母）搅拌，在缸内进行糖化发酵，经多种微生物共同作用，酿成了这种低度原汁酒。经压榨采集的米酒液，因色泽橙黄，故称为黄酒。

相关链接

仪狄作酒醪，杜康作秫酒

仪狄造酒说

仪狄是夏禹的一个属下，《世本》相传"仪狄始作酒醪"。公元前2世纪《吕氏春秋》云："仪狄作酒。"汉代刘向的《战国策》说："昔者，帝女令仪狄作酒而美，进之于禹，禹饮而甘之。曰：'后世必有以酒亡其国者。'遂疏仪狄，绝旨酒"。意思是说：帝女令仪狄去监造酿酒，仪狄经过一番努力，酿出来的酒味道很好，于是进献给夏禹品尝。夏禹喝了之后，觉得的确很味美。可是这位被后世人奉为"圣明之君"的夏禹，不仅没有奖励造酒有功的仪狄，反而从此疏远了他，自己从此也弃绝美酒。

杜康造酒说

魏武帝曹操在他的名诗《短歌行》中写道："对酒当歌，人生几何？譬如朝露，去日苦多。慨当以慷，忧思难忘。何以解忧，唯有杜康。""杜康"在诗句指的是酒，并非人名。但是，这一千古名句使杜康造酒之说风靡海内外。于是，从此以后，人们在谈及酒的起源时，便把杜康作为酒的始祖，而尊之为酒仙。

还有传说也认为酿酒始于杜康，古籍《酒诰》记载，杜康"有饭不尽，委之空桑，郁结成味，久蓄气芳，本出于此，不由奇方"。意思就是说杜康将未吃完的剩饭，放置在桑园的树洞里，剩饭在洞中发酵后，有芳香的气味传出。这就是酒的做法，杜康就是酿酒始祖。

（一）黄酒的特点与分类

1. 特点

黄酒的酒液中主要成分包括糖、糊精、有机酸、氨基酸、酯类、甘油、微量的高级醇，和一定数量的维生素等。黄酒色泽黄亮透明、香气浓郁芬芳、口味甘美醇厚，风格独特，酒度适中（一般在 $14°$～$18°$），营养丰富，是我国传统的饮料，不仅有活血补血、促进体力恢复的功效，还有健胃明目之功能。今天，黄酒越来越受到消费者的喜爱，成为佐餐或餐后的上好饮品。我国的名牌黄酒当属绍兴加饭酒和福建龙岩沉缸酒。

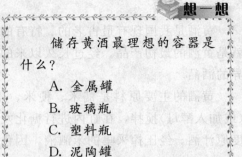

2. 分类

黄酒的品种很多，分类方法各异，这里仅按原料、产地将其分类。

（1）南方糯米、粳米黄酒。长江以南地区，用糯米、粳米为原料，酒药和麦曲作为糖化发酵剂制成的黄酒，它在全国的黄酒销售中占有很大比重，其中以绍兴老酒最著名。

（2）北方黍米黄酒。华北和东北地区，以黍米为原料，以米曲或麦曲为糖化剂，酵母做发酵剂酿成，以山东即墨老酒、山西黄酒为代表。

（3）红曲黄酒。以糯米或粳米为原料，以红曲做糖化发酵剂制成。福建以闽北红曲黄酒为代表，浙江以温州乌衣红曲黄酒为代表。

（4）大米黄酒。它是一种改良的大米黄酒，以粳米为原料，用米曲做糖化剂、酵母作发酵剂酿制成的酒。色泽淡黄透明，糖度、酸度较低，具有清酒特有的香味。以吉林清酒、即墨特级清酒为代表。

（二）著名黄酒介绍

1. 绍兴酒

绍兴酒是我国黄酒中历史悠久的名酒，因产自浙江绍兴而得名，简称"绍酒"。酒液黄亮有光，香气浓郁芬芳，鲜美醇厚，以糯米为主要原料，引"鉴湖"之水，加酒药、麦曲、浆水，用摊饭法和发酵及连续压榨煎酒法新工艺酿成。由于原料配比、酿造方法不同，绍兴酒有很多品种，主要有：

（1）元红酒。因酒坛外涂成朱红色，故又称"状元红"（见图 3-1）。在绍兴酒中产量最大，酒液呈橙红色而透明，有绍兴酒特有的香气，酒度为 15°以上，需要储存 1～3 年才可以上市。竹叶青，又名"孝贞酒"，是元红酒中加入用高度糟烧浸取的当年采摘的嫩竹叶，浸提出翠绿色素汁，作为酒的色泽配制而成的。酒色浅绿，酒度 15°，具有竹叶固有的清香，因而得名。

（2）加饭酒。是加料摊饭酒，即在酿造时增加了"饭量"（增加糯米和麦曲的量）而得名，又因增加"饭量"的不同而分为"双加饭"和"特加饭"。酒质优良，风味醇厚，

图 3-1　古越龙山状元红

酒度 16.5°，易于储存，是绍兴酒中的上品。花雕酒，坛装的陈年加饭酒，因酒坛外雕绘五色彩图而得名。这些彩图多为花鸟鱼虫、民间故事及戏剧人物，极具民族风格，习惯上称为"花雕"。

相关链接

花雕酒和女儿红(见图 3-2)，其实都是同一种酒，是从古时"女儿酒"演变而来，但因饮用的情境不同而有不同名称。早在宋代，绍兴家家会酿酒。每当一户人家生了女孩，满月那天就选酒数坛，请人刻字彩绘以兆吉祥(通常会雕上各种花卉图案、人物鸟兽、山水亭榭等)，然后泥封窖藏。待女儿长大出阁时，取出窖藏陈酒，请画匠在坛身上用油彩画出"百戏"，如"八仙过海"、"龙凤呈祥"、"嫦娥奔月"等，并配以吉祥如意、花好月圆的"彩头"，同时以酒款待贺客，谓之女儿红。

图 3-2 女儿红

(3)善酿酒。是用储存 1～3 年的状元红酒代替水酿造而成的。新酒需要储存 1～3 年才供应市场。这种酒呈深黄色、糖分较多、口味甜美、酒质特厚、芬芳异常。酒度 13°～14°，是绍兴酒的名品。

(4)香雪酒。用淋饭法酿成甜酒后，加少量麦曲搅拌，再用 40°～50° 的糟烧酒发酵而酿成的。经过陈酿以后，白酒的强烈刺激性消失了，具有绍兴酒的特殊风味。其特点是：酒液呈琥珀色，香气浓厚。酒度 20° 左右，糖度也在 20° 上下。

2. 龙岩沉缸酒

福建龙岩沉缸酒(见图 3-3)，产自福建省龙岩县酒厂，已有 200 多年的历史。属甜型黄酒，酿造时，先加入药曲、散曲和白曲，先酿成甜酒娘酿，再分别投入著名的古田红曲及特制的米白酒。沉缸酒呈鲜艳透明的红褐色，有琥珀色泽，香气浓郁，酒味醇厚，纯净自然。糖度虽然高达 27°，但没有黏稠感，口味协调，酒度 14.5°。

3. 山东即墨老酒

山东即墨老酒产自山东即墨老厂。是久负盛名的黍米黄酒，色泽黑褐中带紫红，饮时香馥醇和，香甜爽口，味微苦而有余香，酒度为 12°，是一种甜型的黄酒，且能祛风散寒，活血化淤。

图 3-3 沉缸酒

4. 福建老酒

福建老酒产自福建省福州酒厂。以精白糯米为原料，以红曲为糖化发酵剂酿制而成的。色赤如丹，清亮透明，酒度15°，糖度6％，具有红曲老酒特有的浓郁醇香。另外，福建老酒被公认为烹调菜肴的上佳调料，亦可直接加入鱼、蚧类的汤菜里，以增加特殊鲜美的风味。中外闻名的闽菜"佛跳墙"，便是用福建老酒当汁的。

相关链接

黄酒功用

黄酒除了作为饮品外，还是医药上很重要的辅料或"药引子"。中药处方中常用黄酒浸泡、烧煮、蒸炙一些中草药或调制药丸及各种药酒，据统计有70多种药酒需用黄酒作酒基配制。

黄酒的另一功能是调味。黄酒酒精含量适中，味香浓郁，富含氨基酸，人们都喜欢用黄酒作佐料，在烹制荤菜时，特别是羊肉、鲜鱼时加入少许，不仅可以去腥膻还能增加鲜美的风味。

（三）黄酒的品鉴

黄酒的品鉴可从色香味三方面进行。

首先，观其色泽。好的黄酒必须是色正（橙黄、橙红、黄褐、红褐），晶莹透明，有光泽感，无混浊或悬浮物，无沉淀物泛起荡漾于其中。

其次，闻其芳香。黄酒香不同于白酒的香型，更区别于化学香精，是一种深沉特别的脂香和黄酒特有的酒香的混合。

最后，品其美味。黄酒的基本口味有甜、酸、辛、苦、涩等。黄酒应在优美香气的前提下，具有糖、酒、酸调和的基本口味。用嘴轻啜一口，搅动整个舌头，徐徐咽下，感受黄酒浓郁醇厚的苦中带甜、甜中含酸、酸中透鲜的美妙口感。

（四）黄酒的饮用

黄酒的传统饮法是温饮。温饮的显著特点是酒香浓郁、酒味柔和。黄酒的最佳品评温度是在38℃左右。在黄酒烫热的过程中，黄酒中含有的极微量对人体健康无益的甲醇、醛、醚类等有机化合物，会随着温度升高而挥发掉，同时，脂类芳香物则随着温度的升高而蒸腾，从而使酒味更加甘爽醇厚、芬芳浓郁。

黄酒的配餐也十分讲究，不同的菜应配不同的酒，则更可领略黄酒的特有风味，以绍兴酒为例：干型的元红酒，宜配蔬菜类、海蜇皮等冷盘；半干型的加饭酒，宜配肉类、大闸蟹；半甜型的善酿酒，宜配鸡鸭类；甜型的香雪酒，宜配甜菜类。

二、中国啤酒

按现行国家产品标准规定，啤酒的定义是：啤酒是以麦芽为主要原料，加酒花，经酵母发酵酿制而成的，含有二氧化碳气、起泡的低酒精度饮料。

啤酒的生产已有几千年的历史了。现在，啤酒已经成为世界上产量最高、最大众化、最受人们欢迎的软性饮料酒。不过，啤酒传入我国较晚，只有近百年大规模生产的历史。

相关链接

中国最早的啤酒厂是 1900 年俄国人在哈尔滨建立的乌卢布列夫斯基啤酒厂，此后五年时间里，俄国、德国、捷克分别在哈尔滨建立另外三家啤酒厂。1904 年在哈尔滨出现了中国人自己开办的啤酒厂——东北三省啤酒厂；1914 年哈尔滨又建起了五洲啤酒汽水厂；1915 年北京建立了双合盛啤酒厂；1935 年广州出现了五羊啤酒厂（广州啤酒厂的前身）。1949 年以前，我国只有七八家啤酒厂，绝大多数为外国人所控制，酒花和麦芽主要从国外进口，啤酒的销售对象也主要是在华的外国商人及军队，还有一部分"上层社会"的人士。普通老百姓几乎无法享受。1940 年，全国啤酒产量达到 4 万吨，其中大多数为日本侵略者饮用。到 1949 年，全国的啤酒年产量仅达到七千余吨，还不足目前一个小型啤酒厂的年产量。

(一)中国啤酒的特点

啤酒是一种营养丰富的低酒精度饮料酒，有"液体面包"、"液体维生素"的美称。啤酒具有较高的热量。另外，啤酒中还含有多种维生素，尤其以 B 族维生素最为突出。啤酒中还含有蛋白质和 17 种氨基酸及矿物质，1972 年 7 月墨西哥召开的第九次世界营养食品会议上，啤酒被推荐为营养食品。

案例与思考

某酒吧中，服务员小张为两位客人服务。其中女宾说不能喝酒，问小张："啤酒是多少度的？"小张只知道度数不高，但不知道准确的酒度。于是灵机一动说："我给您拿一瓶看看好吗？"小张从吧台取来一瓶啤酒，见上面标着 11°的字样，就告诉那位女宾，啤酒酒度为 11°。女宾一听连连摇头："度数太高，我不要了，下午还有事。"

小张的回答有错误吗？啤酒的度数到底是多少？

点评：啤酒的酒精含量通常在 2°～5°。酒标上的度指的不是酒精含量，而是指酒液中麦芽汁浓度的百分比。例如，青岛啤酒是 12°，意思是指麦芽汁浓度为 12%，其酒精浓度为 3.5°左右。

(二)中国啤酒的分类

1. 按颜色分类

(1)淡色啤酒。俗称黄啤酒，根据深浅不同，又分为：①淡黄色啤酒，酒色呈淡黄色，又称白啤酒，香气突出，口味淡雅，清亮透明。②金黄色啤酒，呈金黄色，口味清爽，香气突出。③棕黄色啤酒。酒液大多呈褐黄、草黄，口味稍苦、略带焦香。

（2）浓色啤酒。色泽呈棕红或褐色，原料为特殊麦芽，口味醇厚，苦味较小。

（3）黑色啤酒。酒液呈深棕红色，大多数红里透黑，故称黑色啤酒。

2. 按麦芽汁浓度分类

（1）低浓度啤酒。麦芽汁浓度 7%～8%，酒精含量为 2° 左右。

（2）中浓度啤酒。麦芽汁浓度 11%～12%，酒精含量 3.1°～3.8°，是中国各大啤酒厂的主要产品。

（3）高浓度啤酒。麦芽汁浓度 14%～20%，酒精含量在 4.9°～5.6°，属于高级啤酒。

3. 按是否经过杀菌处理分类

（1）鲜啤酒。又称生啤酒，是指在生产中未经杀菌的啤酒，但也达到可以饮用的卫生标准。此酒口味鲜美，有较高的营养价值，但保质期短，只有一星期，只能当地生产当地销售。

（2）熟啤酒。经过杀菌处理的啤酒，可以防止酵母继续发酵和受微生物的影响，保质期较长，一般 3～6 个月至半年，稳定性较强，适于远销。

（三）中国著名啤酒

1. 青岛啤酒

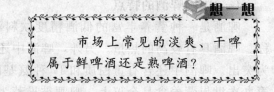

想一想

市场上常见的淡爽、干啤属于鲜啤酒还是熟啤酒？

青岛啤酒（见图 3-4）产于青岛啤酒厂，采用浙江舟山和河南的二棱大麦、著名的山东李村啤酒花和崂山矿泉水酿成的。酒液色泽浓黄，清澈透明，泡沫洁白，细腻持久，二氧化碳气体充足，具有明显的酒花和麦芽清香，味道纯正、醇厚、爽口。酒精含量 3.5° 以上。

图 3-4　青岛啤酒

2. 雪花啤酒

雪花啤酒产于沈阳，酒液淡黄，明亮有光，有酒花香气和麦芽清香，香气纯正。注入杯内，因二氧化碳气体充足，细腻洁白如雪花的泡沫立即浮起，可持续 5 min 之久，犹如一层积雪覆盖于酒液之上，故得"雪花啤酒"之名。

3. 北京啤酒

北京啤酒是由北京啤酒厂生产，选用高级麦芽和优质酒花为原料，工艺细致，品质长期稳定，酒色淡黄、清亮透明有光泽，泡沫丰富，细致持久，有舒适的酒花香气和微苦味。特制北京啤酒是为庆祝国庆十周年于1959年制成的。

另外，我国比较著名的啤酒还有北京生产的燕京啤酒，广州生产的珠江啤酒，四川生产蓝剑啤酒，黑龙江生产的哈尔滨啤酒，陕西生产的汉斯啤酒，上海生产的力波啤酒，甘肃生产的黄河啤酒，河南生产的金星啤酒，吉林四平生产的金士百啤酒、D牌啤酒，杭州西湖啤酒股份有限公司生产的西湖啤酒，中国台湾生产的狮子座啤酒等。

相关链接

中国啤酒业格局

中国啤酒业已经从世界第二大啤酒市场一跃成为世界第一大啤酒生产和消费国。十年前，中国啤酒行业有1000多家啤酒企业，目前只有约250家。前十大啤酒企业的产量集中度已经达到70%。其中，年产量400万t以上的华润雪花、青岛、燕京成为全国性啤酒品牌，均占有10%以上的市场份额，三者合计已经占据了行业超过四成的份额，被称为"三足鼎立"。

第二集团军是金星啤酒、重庆啤酒、珠江啤酒、金威啤酒、大富豪啤酒、哈尔滨啤酒，尽管也跻身中国啤酒业十强，但它们的市场份额均在5%以下，产量均低于200万吨，品牌知名度更是远远不及三大品牌。

(四)啤酒品质的鉴别

啤酒的质量应从以下几方面进行鉴别。

第一，颜色。淡色啤酒要求光泽清澈透明，呈悦目的金黄色；浓色啤酒要求颜色呈棕黄色，有光泽。如果酒色黄浊、无光泽或有漂浮物者为劣质啤酒。

第二，泡沫。泡沫是啤酒质量好坏的重要标准。起泡性、持久性和附着力是泡沫的三个重要特性。起泡性是指啤酒注入杯中后，泡沫应迅速升起，其量应占杯高的1/3。泡沫应洁白细腻(即颗粒小而均匀)，状似奶油。持久性是指泡沫形成至破灭所持续的时间长短。优质啤酒往往在啤酒饮完后仍未消失。泡沫的附着力是指挂杯。优质啤酒饮完后，空杯内壁应均匀布满残留的泡沫，越多说明附着力越好。如果泡沫粗大微黄，消失快，不挂杯，则是劣品。

第三，香气。啤酒要求具有浓郁的啤酒花香和麦芽的清香，无老化气味及其他气味。

第四，味道。入口纯正，无酵母或其他怪味杂味，口感清爽、协调和顺，苦味愉快而消失迅速，无明显的涩味，有二氧化碳的杀口感。

三、中国葡萄酒

葡萄酒，是以葡萄为原料，经自然发酵、陈酿、过滤、澄清等一系列工艺流程所制成的酒精饮料。葡萄酒酒度通常在9°～12°。

葡萄酒是我国主要的酿造酒类之一，也是世界上产量较高的酒类。我国早在两千多年前就能制造葡萄酒了。但是由于长期受小农经济的束缚，发展缓慢，产量很低。直到1892年，印度尼西亚华侨张弼士，出资300万两白银在山东烟台创建了张裕葡萄酒公司，开辟果园，引进优良葡萄种植技术，改传统手工作坊为现代方法生产葡萄酒。新中国成立后，我国葡萄酒酿造工业得到迅速发展，现在已由葡萄酒进口国家，成为出口国家，远销世界十多个国家和地区。

相关链接

张裕大事记

1892年，华侨张弼士在烟台创建中国第一家葡萄酒企业——烟台张裕酿酒公司，首次从国外引进124种酿酒葡萄品种，开启了中国葡萄酒近代工业史。

1896年，张裕聘任首任酿酒师——奥匈帝国男爵拔保，酿出中国第一瓶葡萄酒与第一瓶白兰地。

1894—1905年，张裕创建者历时11年，建成亚洲首座地下大酒窖。

1912年，孙中山先生参观张裕，题赠"品重醴泉"，褒誉张裕葡萄酒品质。

1915年，张裕在旧金山世博会勇夺四枚金奖，代表中国葡萄酒首次登上国际舞台。

1931年，张裕以蛇龙珠为原料，酿造出中国第一瓶干红葡萄酒，并命名为"解百纳"。

1952年、1963年、1979年连续三届全国评酒会评出的中国八大名酒，张裕金奖白兰地、味美思和红葡萄酒均荣列其中。

1958年，张裕成立中国第一所酿酒大学，为行业培养技术人才。

2002年，张裕建成中国第一座专业化酒庄——烟台张裕卡斯特酒庄，揭开了中国葡萄酒高端化的序幕。

2007年，张裕爱斐堡北京国际酒庄正式开业，发售中国历史上的第一桶期酒。

(一)葡萄酒的分类

1. 按酒葡萄汁含量划分

(1)全汁葡萄酒。采用全葡萄汁发酵制成，属于高档酒，酒精度为12°左右。

(2)半汁葡萄酒。葡萄汁含量在30%～70%，其余则是水、食用酒精和糖分，属于中、低档葡萄酒。其生产工艺比较简单，价格低廉。

2. 按葡萄来源划分

(1)家葡萄酒。用人工培养的葡萄为原料制成的葡萄酒。

(2)山葡萄酒。以野生的葡萄为原料酿造的葡萄酒。它是中国的特产,酒度在 15°左右,含糖量 12% 以上,属于甜型葡萄酒。

3. 按加工方法划分

(1)天然葡萄酒。完全以葡萄为原料发酵酿成,不添加酒精、糖分及其他原料。

(2)高浓度葡萄酒。人工加入白兰地、酒精和糖分的葡萄酒。

(3)加料葡萄酒。除酒精、糖分外,还加入药材、香料的制成,如味美思等。

(4)起泡葡萄酒。指酒液中含有大量二氧化碳气体的葡萄酒。

(二)部分酿酒葡萄产区介绍

1. 东北产区

该产区包括北纬 45°以南的长白山麓和东北平原。这里冬季严寒,在冬季的寒冷条件下,欧洲种葡萄不能生存,而野生的山葡萄因抗寒力极强,已经成为这里种植的主要品种。产自吉林通化葡萄酒有限公司的"天池牌"和"通化牌"爽口山葡萄酒和通化山野红葡萄酒,就是用这里的葡萄酿制而成的。

2. 沙城产区

该产区包括宣化、涿鹿、怀来。这里地处长城以北,光照充足,热量适中,昼夜温差大,夏季凉爽,气候干燥,雨量偏少,土壤为褐土,质地偏沙,多丘陵山地,十分适合葡萄的生长。龙眼和牛奶葡萄是这里的特产,近年来已推广赤霞珠、美乐等世界级酿酒品种。著名品牌有中国长城葡萄酒股份有限公司生产的七个系列 50 多个葡萄酒品种(见图 3-5)。

图 3-5 长城干红

3. 烟台产区

该产区主要分布在蓬莱、龙口和福山等县市,属渤海湾半湿润区。该区年活动积温 3 800℃～4 200℃,无霜期超过 180 天,7 月平均气温 24℃左右,受海洋影响,近海及山地夏季气温不高,有利于葡萄色泽、风味发育。年降水量 750～800 mm,成熟季节降水量偏高。适合晚熟、极晚熟酿酒品种的栽培,以意斯林、赤霞珠、法国蓝、白玉霓以及白羽、佳利酿较好。以山东烟台张裕葡萄酒有限公司生产的张裕牌系列葡萄酒为代表。

4. 吐鲁番产区

该产区泛指整个新疆地区。新疆作为中国最适合酿酒葡萄的产区,已被国内外的众多专家所认可。2 000 多年的葡萄酒生产历史,浓郁的异域文化给新疆的葡萄酒酿造业带来了其他品牌无法取代的神秘色彩。新疆著名的葡萄酒品牌

图 3-6 新天尼雅干红

有：新疆伊犁葡萄酒厂的"伊珠"品牌、新疆楼兰酒业有限公司的"楼兰"品牌、新天国际葡萄酒业有限公司的"新天"品牌（见图 3-6）、新疆西域酒业有限公司的"西域"牌等。

相关链接

目前，我国已基本形成新疆天山北麓、宁夏贺兰山东麓、胶东半岛、河北昌黎、河北沙城、黄河故道、甘肃河西走廊、云南干热河谷、东北、天津蓟县等十大葡萄酒产区，构成了地理特点分明的"中国葡萄酒产区地图"。

(三)中国葡萄酒的名品介绍

1. 烟台红葡萄酒(甜型)

又称玫瑰香红葡萄酒，产于山东省烟台市葡萄酿酒公司。酒度为 16°，含糖量 12%。它以专门酿酒的玫瑰香葡萄为主要原料，以玛瑙红、赤霞珠等 20 多种葡萄为辅料发酵酿制而成。酿造时加入了白砂糖等配料，其特点：成分和谐，呈红宝石色，透明如晶体，散发玫瑰香味，酒味醇厚，芳香扑鼻。酒内含有非常丰富的维生素、葡萄糖等营养成分，具有补血益气，强身健体之功效。

2. 烟台味美思

与烟台红葡萄酒一样，也产于烟台市葡萄酿酒公司。酒度为 17.5°～18.5°，含糖量为 14.5%～15.5%。它采用龙眼葡萄和欧洲的葡萄意斯林、贵人香等品种，先酿成白葡萄酒后；再加入肉桂、豆蔻、藏红花等十五种芳香的中草药制成，具有浓厚的葡萄酒醇香和特有的药香，这种酒具有舒筋活血、补血益气、开胃健脾等功效。

3. 中国红葡萄酒(甜型)

产于北京东郊葡萄酒厂，多为 16°，含糖量为 12%。这种酒采用龙眼、玫瑰香葡萄作为原料，后来增加黑酿、北玫、北经、北醇等良种葡萄，分别发酵，然后进行勾兑，用山葡萄酒调色，陈酿经两年以上出厂。这种酒色泽美观、质地纯净，果香浓郁，酸甜适度，饮后余香绵长。

4. 沙城白葡萄酒(干型)

产于河北省沙城酒厂，酒度为 16°，是不含糖的葡萄酒。这种酒，采用当地优质的龙眼葡萄为原料，经破碎、分离、发酵酿制而成。酒品颜色呈淡黄色，酒质优良，果香浓郁，口感柔和细腻。

任务二 外国酿造酒

任务描述

本部分的主要任务是让学生了解外国葡萄酒、啤酒、清酒的历史、特点、分类、主要品牌和产地等知识，掌握葡萄酒的品鉴方法，提高葡萄酒、啤酒和清酒饮用服务技能水平，为今后学习鸡尾酒调制和酒吧服务奠定基础。

一、葡萄酒

相关链接

葡萄酒的传说

多数历史学家都认为波斯可能是世界上最早酿造葡萄酒的国家。传说古代有一位波斯国王，爱吃葡萄，曾将葡萄压紧保藏在一个大陶罐里，标着"有毒"，防人偷吃。等到数天以后，国王妻妾群中有一个妃子对生活产生了厌倦，擅自饮用了标明"有毒"的陶罐内的葡萄酿成的饮料，滋味非常美好，非但没结束自己的生命，反而异常兴奋，使她又对生活充满了信心。她盛了一杯专门呈送给国王，国王饮后也十分赞赏。自此以后，国王颁布了命令，专门收藏成熟的葡萄，压紧盛在容器内进行发酵，以便得到葡萄酒。

(一)葡萄酒概述

按照国际葡萄酒组织的规定，葡萄酒只能是破碎或未破碎的新鲜葡萄果实或汁完全或部分酒精发酵后获得的饮料，其酒精度数不能低于8.5°。

葡萄酒产生于中东地区，希腊将种植葡萄与酿制葡萄酒的技术带回欧洲，目前，葡萄酒产量仍然是欧洲最多，占世界葡萄酒总产量的80%以上。其中法国、意大利产量居世界前两位，法国高档葡萄酒的产量始终位列各国之首，西班牙是全球葡萄园面积最大的国家，产量居世界第三。同时欧洲国家也是当今世界人均消费葡萄酒最多的国家。

(二)葡萄酒的分类

1. 按色泽分类

(1)白葡萄酒(white wine)。白葡萄酒选择白葡萄或浅红色葡萄，经过皮汁分离，取其果汁进行发酵酿制而成。白葡萄酒的颜色分布在深金黄色至无色之间，包括浅黄、禾秆黄、淡黄、金黄等颜色。白葡萄酒外观澄清透明，果香芬芳，幽雅细腻，滋味微酸爽口，适合与鱼虾、海鲜及各种禽肉配合。

（2）红葡萄酒（red wine）。红葡萄酒选择红葡萄为原料，用皮、渣与葡萄汁混合发酵制成，使果皮和果肉的色素浸出，然后再将发酵的原酒与皮渣分离制成不同色泽的葡萄酒。红葡萄酒多为红宝石色，此外还有深红、紫红、石榴红、棕红等颜色。酒体丰满醇厚，略带涩味，适合与口味浓重的菜肴配合。

（3）桃红葡萄酒（rose wine）。桃红葡萄酒色泽介于红、白葡萄酒之间，酿造方法基本上与红葡萄酒相同，但是皮渣浸泡的时间较短。桃红葡萄酒的颜色呈淡淡的玫瑰红色或粉红色，具有白葡萄酒的芳香清新，也有红葡萄酒的和谐丰满，可以在宴席间与各种菜式配合。

2. 按含糖量分类

（1）干葡萄酒（dry wine）。干葡萄酒的含糖量小于 4 g/L，饮用时感觉不出甜味，酸味明显。

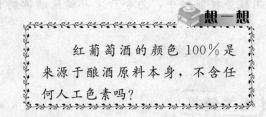

想一想

红葡萄酒的颜色 100% 是来源于酿酒原料本身，不含任何人工色素吗？

（2）半干葡萄酒（semi-dry wine）。含糖量在 4 g/L 至 12 g/L 的葡萄酒，有微弱的甜味、舒顺圆润的果香味。

（3）半甜葡萄酒（semi-sweet wine）。含糖量在 12 g/L～50 g/L 的葡萄酒，有明显的甜味和果香味。

（4）甜葡萄酒（sweet wine）。含糖量在 50 g/L 以上，具有浓厚的甜味和果香味。

3. 按是否含有二氧化碳分类

（1）静止葡萄酒（still wine）。在 20℃时，二氧化碳的压力小于 0.05 MPa 的葡萄酒为静止葡萄酒。

（2）起泡葡萄酒（sparkling wine）。起泡葡萄酒分为两类：

①起泡酒。所含 CO_2 是用葡萄酒加糖再发酵产生的。在法国香槟地区生产的起泡酒叫香槟酒，在世界上享有盛名。其他地区生产的同类型产品按国际惯例不得叫香槟酒，一般叫起泡酒。

②汽酒。用人工的方法将 CO_2 添加到葡萄酒中叫汽酒，因 CO_2 作用使酒更具有清新、愉快、爽怡的口感。

（三）葡萄酒的原料

葡萄是酿酒的主要原料，葡萄的质量与葡萄酒的质量有着紧密的联系。葡萄种植的分布主要在北纬53°至南纬43°的广大区域。葡萄包括果梗与果实两部分，果梗占葡萄的 4%～6%，果实占 94%～96%。果梗含大量的水分、林质素、树脂、无机盐、单宁，含少量糖和有机酸。葡萄果实包括果皮和果肉两个部分：果皮含有单宁和色素，这两种成分对酿制红葡萄酒很重要。

图 3-7　赤霞珠

著名的品种有：赤霞珠(Cabernet Sauvignon)(见图3-7)、佳美(Gamay)、美乐(Merlot)、品丽珠(Cabernet Franc)、雷司令(Riesling)、西拉(Syrah)、霞多丽(Chardonnay)等。

相关链接

葡萄酒的储存与成熟

葡萄酒需要经过橡木桶储存、成熟的阶段。橡木桶对葡萄酒的最大影响在于使葡萄酒与透过橡木桶的氧气产生氧化作用，稳定酒的结构，并将橡木桶的香味融入酒中。通过氧化作用，红葡萄酒颜色会由深紫色转变为酱红色、红宝石色、红褐色、棕色等；白葡萄酒经储存后颜色变深，色调偏金黄。在储存过程中，桶中葡萄酒的水分会通过桶壁蒸发到空气中，而使葡萄酒更加浓郁。

相关链接

中国富豪只认拉菲(Chateau Lafite Rothschild)，而且一定要喝1982年的拉菲。1982年出产的拉菲红酒，从2006年至今，身价翻三倍不止，目前已突破每瓶五万元大关。葡萄酒的年份有什么特殊的含义呢？

点评：葡萄酒的年份，简单地说就是用哪一年的葡萄酿的酒。2010年生长的葡萄酿出来的酒年份就是酒标上的2010。但在不同的国家，有些规定也存在细微差别。比如被称做葡萄酒旧世界的法国、意大利、西班牙、德国等，都规定如果葡萄酒标签上标注了年份，那么一定要用100％当年生产的葡萄酿制；而美国、澳大利亚这些葡萄酒新世界国家则规定如果葡萄酒标签上标注了年份，采用当年的葡萄酿制要占75％～85％的比例。

影响葡萄酒年份的主要因素是当年的天气状况，所以好年份一般就是拥有最适合葡萄生长气候的一年。如过冷或过热，太干燥或太潮湿，以及有冰雹霜冻都不算好年份。

比如2000年是波尔多的极好年份，这是一个超过1990年的年份，有实力与更富有传奇色彩的1982年一争高下。其后的2003年、2005年都是好的年份，2009年被称为波尔多的"世纪年份"。

（四）法国葡萄酒

相关链接

法国葡萄酒文化

从希腊人在马赛建立了法国最早的葡萄种植园后，法国对葡萄的热衷和兴趣开始与日俱增。法国人开始研究优良的葡萄品种，学会了用尝土壤的方法来辨别土质，并通过不断的实践，改进种植技术和藏酿技术。大约在公元 1 世纪时，法国历史上最好的一款酒诞生了。

大约在公元 3 世纪时，波尔多、勃艮第、卢瓦尔河谷以及香槟等地开始出现了葡萄园和酿酒技术，而法国葡萄酒的扩张，直到 16 世纪才开始。

法国葡萄酒最与众不同的地方，就在于它独特的酒庄文化。在整个法国著名的 11 个葡萄酒产区内，拥有近 8 万家左右的葡萄酒庄园。这些酒庄以长达几个世纪甚至超过千年的历史以及 80 余万公顷的葡萄园种植面积和 46 亿 L 的葡萄酒产量，构筑了法国葡萄酒在世界上的经典声誉和显赫地位。法国的酒庄文化最集中的体现便是葡萄酒的酒标。法国的庄园主们视酒标为他们酒庄甚至家族的荣耀。每设计一款酒标，他们都要倾其全力，从构思到制图，所倾注的心血，一点也不亚于种植葡萄和酿酒。

1. 法国葡萄酒的概况

法国的葡萄酒工业产值居本国工业总产值的第一位，这在世界上是少有的。法国葡萄酒不仅产量大、品种多，而且以其卓越的品质闻名于世，其出产世界上最好的红、白、玫瑰红葡萄酒和香槟酒。法国葡萄酒酒精度最低 8°，这种葡萄酒属大众化的饮品而酒精度在 10°～12°的属高级葡萄酒。法国最著名的葡萄酒产区是波尔多、勃艮第、香槟区三个举世公认的著名葡萄酒产地，风行世界的优秀葡萄酒有半数产于法国的这些地区。

2. 法国葡萄酒的等级

法国葡萄酒的质量等级划分极为严格。最优秀的葡萄酒是以原产地的名称作为商标，并享有"国家产地名称机构"（I. N. A. O. ）授予的"产地名称管制"（A. O. C. ）的使用资格。在法国，葡萄酒被划分为以下四个等级。

（1）日常餐酒（ Vin de Table ）。日常餐酒是最低档的葡萄酒。供日常饮用，是法国大众餐桌上最常见的葡萄酒，可以由不同地区的葡萄汁勾兑而成，如果葡萄汁限于法国各产区，可称做法国日常餐酒。不得用欧共体以外国家的葡萄汁，产量约占法国葡萄酒总产量的 38％。酒瓶标签标示为 Vin de Table。

（2）地区餐酒（ Vin de Pays ）。地区餐酒由最好的日常餐酒升级而成。法国绝大部分的地区餐酒产自南部地中海沿岸。其产地必须与标签上所标示的特定产区一致，而且要使用被认可的葡萄品种。最后，还要通过专门的法国品酒委员会核准。酒瓶标签标示为 Vin de Pays。

（3）优良地区餐酒（V. D. Q. S）。优良地区餐酒等级位于地区餐酒和法定地区葡萄酒之间，产量只占法国葡萄酒总产量的 2%。这类葡萄酒的生产受到法国原产地名称管理委员会的严格控制。酒瓶标签标示为 Appellation＋产区名＋qualite Superiere。

（4）法定地区葡萄酒（A. O. C）。A. O. C 是最高等级的法国葡萄酒，产量大约占法国葡萄酒总产量的 35%。原产地地区的葡萄品种、种植数量、酿造过程、酒精含量等都要得到专家认证。只有通过官方分析和化验的法定产区葡萄酒才可获得 A. O. C 证书，只能用原产地种植的葡萄酿制，绝对不可用别地葡萄汁勾兑。正是这种非常严格的规定才确保了 A. O. C 等级的葡萄酒始终如一的高贵品质。酒瓶标签标示为 Appellation＋产区名＋Controlee。

3. 法国葡萄酒的产地及名品

（1）罗讷河谷产区。罗讷河谷产区是法国第二大法定产区酒出产地，因出产教皇饮用过的葡萄酒而有着辉煌的荣耀。罗讷河谷产区的葡萄酒在国际上也很著名，经常出现在世界最好的宴会上。罗讷河谷产区的葡萄酒酒精度偏高。名品代表为教皇新堡（Chateauneuf-du-Pape）（见图 3-8）。

图 3-8　米勒酒庄教皇新堡　　　　　图 3-9　博若莱村庄葡萄酒

（2）博若莱产区。博若莱产区只种植一种葡萄：佳美。博若莱葡萄的采收必须是人工采摘，而且采用的是一种特殊酿酒方法。采摘后，整粒的葡萄被放入罐中，不用破碎和除梗，用这种方法酿出的酒果香强烈，酒体柔和。这一地区最广泛使用的产区命名酒——博若莱酒（Beaujolais）（见图 3-9），其中一部分在 11 月份以"博若莱新酒"命名上市。

（3）勃艮第产区。勃艮第葡萄园一方面拥有较好的地理位置，朝向很好（朝东、南和东南方向），海拔高度适中（200～400 m）；另一方面，勃艮第夏季热而秋季干旱的气候条件，是有利于葡萄成熟和生长的因素。名品代表为罗曼尼·康帝（La Romanée-Conti）（见图 3-10）。

（4）卢瓦尔河谷产区。卢瓦尔河谷产区因葡萄酒品种丰富和多样性而著称。白葡萄酒占了该地区总产量的一半以上，红葡萄酒占 1/4，桃红葡萄酒占 12％，剩下的为起泡酒。代表名品：白苏维翁(Sauvignon Blanc)、白密斯卡得(Muscadet)、白诗南（Chenin blanc）、索姆尔起泡酒(Saumur)、希农红酒(Chinon)。

图 3-10　罗曼尼·康帝

图 3-11　酩悦香槟

（5）香槟酒产区。香槟来自法文"CHAMPAGNE"的音译，意为香槟省。香槟产区以出产香槟酒而闻名于世。香槟区位于巴黎东北方约 200 千米处，是法国位置最北的葡萄园。由于原产地命名的原因，只有香槟产区生产的起泡葡萄酒才能称为"香槟酒"，其他地区产的此类葡萄酒只能叫"起泡葡萄酒"。香槟的酒标上一定会有明显的"CHAMPAGNE"字样。Blanc de Blanc：这是一种完全使用白葡萄——霞多丽酿造的白色香槟。Blanc de Noir：这是完全使用黑葡萄(黑比诺和莫尼耶比诺)一起或者单独酿造的白色香槟。代表名品：酩悦香槟(Moët & Chandon)(见图 3-11)、库克香槟(Krug)。

（6）汝拉—萨瓦产区。法国东部靠近瑞士附近的汝拉和萨瓦两个产区种植面积狭小，产量不大，但因为环境特殊，葡萄酒风格独特，在法国众葡萄酒中独树一帜。

汝拉产区除生产红酒、干白酒及瓶中二次发酵的起泡酒外，也出产具地方特色的"Vin Jaune 黄葡萄酒"和"Vin de Paille 稻草酒"。萨瓦生产的葡萄酒以白葡萄酒居多，主要出产适合年轻人饮用的清淡白葡萄酒和红葡萄酒，大部分属单一品种葡萄酒。代表名品：黄葡萄酒（Vin Jaune）（见图 3-12）、阿伯瓦（Arbois）、萨瓦葡萄酒（Vin de Savoie）。

图 3-12　夏龙堡黄葡萄酒

(7)阿尔萨斯产区。阿尔萨斯曾是德国的领土，其葡萄酒的风格与德国葡萄酒颇为相似，因而阿尔萨斯的葡萄酒被称为法国德式葡萄酒。阿尔萨斯主要酿造白葡萄酒。阿尔萨斯的葡萄酒多以100％单一葡萄品种酿酒，在瓶身卷标上清晰地标示出葡萄品种的名字。阿尔萨斯产区的白葡萄酒，以拥有清新细致的花香与果香而闻名。阿尔萨斯葡萄酒以酒厂和葡萄品种命名，所以一看标签就知道是用什么葡萄酿造的。

图 3-13　婷芭克世家雷司令

代表名品：雷司令白葡萄酒(Riesling)(见图 3-13)、格乌兹塔明内白葡萄酒(琼瑶浆)(Gewürztraminer)。

(8)波尔多产区。波尔多是法国也是全世界最大的优质葡萄酒产区。起泡酒、白葡萄酒(干白和甜白)、桃红葡萄酒和红葡萄酒在波尔多均有生产，但红葡萄酒将近占到了总产量的90％，年产8亿瓶葡萄酒，其中 A.O.C 级的好葡萄酒占总量的95％。代表名品：拉菲(Lafite Rothschild)(见图 3-14)、圣埃米利永(Sainte — Emil-ion)、玛歌(Margaux)、格拉夫(Graves)。

图 3-14　1983 年拉菲

相关链接

波尔多八大酒庄

波尔多的葡萄酒名满世界，单是著名酒庄也有两三百家之多，而在这众多的酒庄中，有八家锋头最劲，它们各自有自己鲜明的特色，代表了波尔多乃至世界的最高酿酒水平。

1. Chateau Lafite Rothschild(拉斐庄)
2. Chateau Latour(拉图庄)
3. Chateau Haut—Brion(奥比安庄)
4. Chateau Margaux (玛高庄)
5. Chateau Mouton Rothschild(武当庄)
6. Chateau Cheval Blanc (白马庄)
7. Chateau Ausone(奥松庄)
8. Petrus(柏翠庄)

(9)西南产区。法国的西南产区葡萄种植的历史悠久，葡萄品质优秀，但自古就一直笼罩在波尔多葡萄酒的阴影之下。其实西南产区内出产的许多葡萄酒带有非常浓厚的地方特色，酒的品质也不在波尔多之下，而价格却要比波尔多低很多，所以法国人往往来此地购买他们喜欢的酒。代表名品：马第宏(Madiran)(见图 3-15)、卡奥尔(Cahors)、贝尔热拉克(Bergerac)。

图 3-15　蒙图庄园马第宏　　　　　图 3-16　圣伊芙酒庄科比埃

(10)朗格多克·鲁西荣产区。郎格多克·鲁西荣位于法国南部地中海沿岸，全法国有 1/3 的葡萄园坐落在这个地区，面积有 38 万 hm²，在法国十大葡萄酒产区中排第二位，出产全国 40％的葡萄酒。20 世纪 80 年代初，本地区还没有太高档的酒产出，主要生产低档次的日常餐酒。随着葡萄园和酒厂的不断发展进步，葡萄品种日益多元化，酿酒技术逐步提高，目前本产区 A.O.C 级葡萄酒的产量不断上升，V.D.Q.S 级产品也日趋扩大。代表名品：科比埃(Corbieres)(见图 3-16)、米内瓦(Minervois)、科利乌尔(Collioure)、菲图(Fitou)、圣希尼昂(Saint Chinian)。

(11)普罗旺斯产区。普罗旺斯产区以拥有法国最古老的葡萄园著称，该地区所酿造的葡萄酒中 71％为桃红葡萄酒，口感圆润，柔顺爽口；24％为红葡萄酒，5％为白葡萄酒。普罗旺斯是法国的第四大葡萄种植区。普罗旺斯的葡萄酒产量为每年 1.56 亿瓶(其中 95％为普罗旺斯原产地命名的葡萄酒)。代表名品：米黑勒酒庄(Clos Mireille)(见图 3-17)、普罗旺斯酒庄(Les Domaines de Provence)、瓦尔地区特色餐酒 (Vin du Pays du Var)、南法传统酒 (Les Vins Traditionnelle)。

图 3-17　米黑勒酒庄

(五)其他国家葡萄酒

1. 意大利葡萄酒

意大利是欧洲最早得到葡萄种植技术的国家之一，2009 年其葡萄酒的产量超过法国。意大利的葡萄酒，红酒占 80%。大部分的意大利红酒含较高的果酸，口味强劲；意大利白酒大多是以清新口感和宜人果香为其特色。意大利葡萄酒的等级划分为：一般日常酒(Vino da Tavola)、原产地区域管制酒(Denominazione di Origine Controllate，DOC)、原产地区域保证酒(Denominazione di Origine Controllate Garantita，DOCG)。意大利名品：姬燕蒂(Chianti)、巴巴瑞斯可(Barbaresco)、巴柔楼(Barolo)、阿斯提气泡酒(Asti Spumante)、巴豆力诺(Bardalion)、瓦波丽塞拉(Valpplicella)、苏维(Soave)等。

2. 德国葡萄酒

德国是世界著名的葡萄酒生产国，产品在世界上享有盛誉。德国出产的葡萄酒中，白葡萄酒占 65%，剩余 35% 为红葡萄酒。德国葡萄酒的酿造特点是葡萄完全成熟后，放置一定时间再摘取，成品酒别具风格。主要分为四个等级，即佐餐葡萄酒(Tabel Wein)、乡土葡萄酒(Landwein)、特定地区优质佳酿(Qualitfitsweinb. A，Q. b. A)和带头衔优质佳酿葡萄酒(Qualitatswein mit Pradikat，Q. m. P)。代表名品：约翰尼斯博格白葡萄酒(Johannisberger)、尼尔斯坦纳白葡萄酒(Niersteiner)、布劳纳贝尔格白葡萄酒(Brauneberger)、博恩卡斯特勒朗中酒(Bernkasteler Doktor)。

3. 西班牙葡萄酒

西班牙是世界上种植葡萄面积最大的一个国家，葡萄酒产量居世界第三位。产红、白、淡红葡萄酒，其中红葡萄酒质量较好。西班牙将葡萄酒分成两等：普通餐酒(Table Wine)和高档葡萄酒(Quality Wine)，这与欧盟的规定基本一致。代表名品：皇家珍藏 2003(Reserva Real 2003)、贝加西西利亚瓦堡拿 5 年 2003(Vega Sicilia Valbuena 5 2003)、黑牌玛斯拉普拉纳 2002(Mas La Plana 2002)。

(六)葡萄酒品鉴

葡萄酒的品鉴应通过眼、鼻、口、舌来感觉葡萄酒色、香、味等品质特色。从酸度、酒精度、香味和单宁酸这四种因素来考虑。酸度应适宜，不足会导致酒味淡而不持久，相反过高则会使酒粗糙、辣口；酒精含量即酒的浓度；不同的酒香味不同，如有的倾向于果香、花香，有的则呈现烧烤的香气。单宁是葡萄皮中包含的物质，含量过高会有涩味，白葡萄酒不含单宁。这四种因素协调均衡的酒就是平衡感好的酒。

1. 看

品酒时，先用眼来仔细观察酒的透明度和酒的色泽。酒的透明度不仅是一项重要的外观指标，也是质量好坏的重要标志。晶莹透亮，微黄带绿是干白葡萄酒的颜色；金黄色闪闪发亮是甜白葡萄酒的颜色；宝石红晶莹透亮是干红葡萄酒的颜色；

红中带棕，酒液透明是甜红葡萄酒的颜色。不同颜色代表不同的酒品，鉴赏葡萄酒时可将酒杯对着烛光，或在自然光下高举过视线仔细辨别。如酒中出现浑浊或沉淀，可能意味着酒已变质，但红葡萄酒，特别是优质红葡萄酒中含有一定的沉淀物，稍有沉淀后并不影响酒的质量。酒色能显示葡萄种类、酒的成熟程度以及陈酿时间长短。新酒比陈酒有光泽。

2. 闻

嗅香是品酒的第二步。嗅香时可以将鼻子伸进装有 1/3 酒液的郁金香型酒杯中，充分品味葡萄酒的香气，若酒气不正，带有烂蘑菇或烂白菜的气味，则表示酒已变质，或酒液中二氧化硫成分过高。

3. 尝

味觉品尝才是真正的葡萄酒品尝，这对酒的质量至关重要。通常舌尖对甜味最敏感，舌根对苦味最敏感，舌的周围边缘对咸味最敏感，舌两侧中部则对酸味最敏感。葡萄酒中甜、酸、苦、咸四种味道都有，但主要是甜味和酸味。每次吸入的酒应在 6~10 mL，不能多，也不能少。酒液进口后，必须吸入一些空气，使酒液在舌头上前后滚动，尽可能充分使酒香和味道释放出来，然后尽快使酒接触到口中的各个部位，产生均匀的刺激，葡萄酒在口腔内流动和保留时间为 10s 左右，然后吐出或咽下，再品味酒的后味。

二、啤酒

(一)世界啤酒历史

人类使用谷物制造酒类饮料已有 8000 多年的历史。已知最古老的酒类文献，是公元前6000年左右，巴比伦人用黏土板雕刻的献祭用啤酒制作法。公元前4000年美索不达米亚地区已有用大麦、小麦、蜂蜜制作的 16 种啤酒。公元前3000年起开始使用苦味剂。公元前 18 世纪，古巴比伦国王汉穆拉比颁布的法典中，已有关于啤酒的详细记载。啤酒的酿造技术是由埃及通过希腊传到西欧的，19 世纪末传入亚洲。目前，除了伊斯兰教因宗教原因而不生产和饮用啤酒外，啤酒几乎遍及世界各国。

最初的啤酒是不加啤酒花的。在中世纪的欧洲，人们曾用一种叫格鲁特的药草及香料为啤酒提味，因这样做就需要医学知识及多种材料，故啤酒只能主要产于修道院。但自 14 世纪起，添加蛇麻花的啤酒逐渐盛行于欧亚大陆。在中世纪的德国，使用啤酒花作苦味剂的德国啤酒也已输往国外，不来梅、汉堡等城市均因此而繁荣起来。17~18 世纪，德国啤酒盛行，一度使葡萄酒不景气。19 世纪初，英国的啤酒生产实现大规模工业化。19 世纪中叶，德国巴伐利亚开始出现下面发酵法，酿出的啤酒由于风味好，逐渐在全国流行。目前在德国，92％的啤酒是用下面发酵法生产的。德国在 19 世纪颁布法令，严格规定啤酒的原料以保持啤酒的纯度，而且由于实行下面发酵法和有规律的纯粹酵母培养，从而提高了啤酒的质量，成为近代慕尼黑啤酒享有盛誉的基础。在美洲新大陆，17 世纪初由荷兰、英国的新教徒带人啤酒技术，1637 年在马萨诸塞建立了最初的啤酒工厂。不久，啤酒作为近代工业迅速发展，使美国超过德国成为最大的啤酒生产国。

由于林德发明了冷冻机，使啤酒香味更趋柔和，也使啤酒的工业化大生产成为现实。巴斯发明的在 60℃ 保持 30 min 以杀灭酵母和杂菌的方法，使啤酒的保存期大为延长。目前全世界啤酒年产量已居各种酒类之首。

相关链接

啤酒花的作用

在啤酒酿造中，啤酒花具有不可替代的作用：

1. 使啤酒具有清爽的芳香气、苦味和防腐力、啤酒花的芳香与麦芽的清香赋予啤酒含蓄的风味。啤酒、咖啡和茶都以香与苦取胜，这也是这几种饮料的魅力所在。由于酒花具有天然的防腐力，故啤酒无须添加有毒的防腐剂。

2. 形成啤酒优良的泡沫。啤酒泡沫是酒花中的异律草酮和来自麦芽的起泡蛋白的复合体。优良的啤酒花和麦芽，能酿造出洁白、细腻、丰富且挂杯持久的啤酒泡沫来。

3. 有利于麦汁的澄清。在麦汁煮沸的过程中，由于添加了啤酒花，可与麦汁中的蛋白结合产生沉淀，从而起到澄清麦汁的作用，酿造出清纯的啤酒来。

(二)酿造啤酒的原料

酿造啤酒的主要原料是大麦、水、酵母、啤酒花。

1. 大麦

大麦是酿造啤酒的主要原料，但是首先必须将其制成麦芽，方能用于酿酒。大麦在人工控制和外界条件下发芽和干燥的过程，称为麦芽制造。大麦发芽后称绿麦芽，干燥后叫麦芽。

2. 酿造水

软水适于酿造淡色啤酒，碳酸盐含量高的硬水适于酿制浓色啤酒。

3. 酵母

酵母的种类很多，用于啤酒生产的酵母叫做啤酒酵母。根据发酵方式分为：上面发酵的酵母和下面发酵的酵母。啤酒酿造中酵母主要起的作用就是降糖，产生二氧化碳和酒精。

4. 啤酒花

啤酒花(酒花)作为啤酒工业的原料开始使用于德国。使用的主要目的是利用其苦味、香味、防腐力和澄清麦汁的能力。

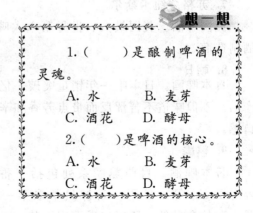

想一想

1.（　　）是酿制啤酒的灵魂。

A. 水　　　B. 麦芽

C. 酒花　　D. 酵母

2.（　　）是啤酒的核心。

A. 水　　　B. 麦芽

C. 酒花　　D. 酵母

(三)世界驰名的啤酒品牌

1. 百威

美国啤酒。以其纯正的口感，过硬的质量赢得了全世界消费者的青睐，成为世界最畅销的啤酒，长久以来被誉为是"啤酒之王"。

2. 贝克

德国啤酒。拥有四百年历史的贝克啤酒是德国啤酒的代表，也是全世界最受欢迎的德国啤酒。

3. 喜力

荷兰啤酒。喜力是一种主要以蛇麻子为原料酿制而成的，口感平顺甘醇，不含枯涩刺激味道的啤酒。凭借着出色的品牌战略和过硬的品质保证，成为全球顶级的啤酒品牌。

4. 嘉士伯

丹麦啤酒。嘉士伯啤酒的酒质澄清甘醇，它通过参与各种人文与运动活动，包括对音乐/球赛等活动的赞助，树立了良好的品牌形象。

5. 安贝夫

巴西啤酒。世界著名啤酒之一，年产量是 55 亿 L，在国内较少见。

6. 南非米勒

南非啤酒。2002 年 6 月由南非啤酒(SAB)和美国的米勒啤酒(Miller)合并而组成，现为全球第二大啤酒厂。率先在全球研制出了巧克力口味的啤酒。

7. 苏格兰纽卡斯尔

英国啤酒。英国最大、世界第六大啤酒制造商。

8. 朝日

日本啤酒。日本唯一年销量突破一亿箱的产品。不但味道不苦涩反而带点芳香和辛辣的口感。

9. 麒麟

日本啤酒。目前麒麟系列包括一番榨、Lager、Light 等，强调一番榨只萃取第一道麦汁，单宁酸的含量低，所以口感清爽不苦。

相关链接

慕尼黑啤酒节

慕尼黑啤酒节可以追溯到 1810 年。当年巴伐利亚加冕王子路德维希和特蕾瑟公主 10 月完婚，官方的庆祝活动持续了 5 天。人们聚集到慕尼黑城外的大草坪上，唱歌、跳舞、观看赛马和痛饮啤酒。从此，这个深受欢迎的活动便延续下来，流传至今。

每年 9 月的第三个星期六至 10 月第一个星期日就固定成为啤酒节。近年，这一狂欢盛会每年吸引约 600 万参与者，每届啤酒节要消费约 600 万 L 啤酒、50 万只鸡、100 头牛，同时为慕尼黑带来 8.3 亿欧元的收入。

三、清酒

(一)清酒的分类

1. 按制法不同分类

(1)纯米酿造酒。纯米酿造酒即为纯米酒，仅以米、米曲和水为原料，不外加食用酒精。此类产品多数供外销。

(2)普通酿造酒。普通酿造酒属低档的大众清酒，是在原酒液中兑入较多的食用酒精，即 1 t 原料米的醪液添加 100% 的酒精 120 L。

(3)增酿造酒。增酿造酒是一种浓而甜的清酒。在勾兑时添加了食用酒精、糖类、酸类、氨基酸、盐类等原料调制而成。

(4)本酿造酒。本酿造酒属中档清酒，食用酒精加入量低于普通酿造酒。

(5)吟酿造酒。制作吟酿造酒时，要求所用原料的精米率在 60% 以上。日本酿造清酒很讲究糙米的精白程度，以精米率来衡量精白度，精白度越高，精米率就越低。精白后的米吸水快，容易蒸熟、糊化，有利于提高酒的质量。吟酿造酒被誉为"清酒之王"。

2. 按口味分类

(1)甜口酒。甜口酒为含糖分较多、酸度较低的酒。

(2)辣口酒。辣口酒为含糖分少、酸度较高的酒。

(3)浓醇酒。浓醇酒为含浸出物及糖分多、口味浓厚的酒。

(4)淡丽酒。淡丽酒为含浸出物及糖分少而爽口的酒。

(5)高酸味酒。高酸味酒是以酸度高、酸味大为其特征的酒。

(6)原酒。原酒是制成后不加水稀释的清酒。

(7)市售酒。市售酒指原酒加水稀释后装瓶出售的酒。

3. 按储存期分类

(1)新酒。新酒是指压滤后未过夏的清酒。

(2)老酒。老酒是指储存过一个夏季的清酒。

(3)老陈酒。老陈酒是指储存过两个夏季的清酒。

(4)秘藏酒。秘藏酒是指酒龄为 5 年以上的清酒。

4. 按酒税法规定的级别分类

(1)特级清酒。品质优良，酒精含量 16％以上，原浸出物浓度在 30％以上。

(2)一级清酒。品质较优，酒精含量 16％以上，原浸出物浓度在 29％以上。

(3)二级清酒。品质一般，酒精含量 15％以上，原浸出物浓度在 26.5％以上。

(二)日本清酒的主要品牌

最常见的日本清酒品牌有樱正宗、菊正宗、月桂冠(见图 3-18)、大关、白雪、白鹤、御代荣、千福、日本盛、松竹梅及秀兰等。

图 3-18　月桂冠

(三)日本清酒的特点

日本清酒虽然借鉴了中国黄酒的酿造法，但却有别于中国的黄酒。该酒色泽呈淡黄色或无色，清亮透明，芳香宜人，口味纯正，绵柔爽口，其酸、甜、苦、涩、辣诸味协调，酒精含量在 15％以上，含多种氨基酸、维生素，是营养丰富的饮料酒。

日本清酒的制作工艺十分考究。精选的大米要经过磨皮，以使大米精白，浸渍时可快速吸收水分，而且容易蒸熟；发酵时又分成前、后发酵两个阶段；杀菌处理在装瓶前、后各进行一次，以确保酒的保质期；勾兑酒液时注重规格和标准。如"松竹梅"清酒的质量标准是：酒精含量 18％，含糖量 35 g/L，含酸量 0.3 g/L 以下。

 综 合 实 训

一、思考与练习

1. 名词解释

酿造酒　啤酒

2. 填空题

(1)啤酒从口味可分为 ＿＿＿＿＿＿ 、 ＿＿＿＿＿＿ 、 ＿＿＿＿＿＿ 三类。

(2)啤酒的发酵方法有 ＿＿＿＿＿＿ 和 ＿＿＿＿＿＿ 两种，市场上常见的啤酒大多数是以 ＿＿＿＿＿＿ 发酵生产的。

(3)葡萄酒按颜色分类可划分为 ＿＿＿＿＿＿ 、 ＿＿＿＿＿＿ 、 ＿＿＿＿＿＿ 。

(4)红葡萄用作酿制各种葡萄酒，色泽包括 ＿＿＿＿＿＿ 、 ＿＿＿＿＿＿ 、 ＿＿＿＿＿＿ 和 ＿＿＿＿＿＿ 。

3. 选择题

(1)啤酒色素的来源是(　　　)。

A. 人工色素　　　　B. 啤酒花　　　　C. 烘烤麦芽　　　　D. 酵母

(2)啤酒酒杯上的度数表示(　　　)。

A. 酒液中酒精的含量　　　　　　　B. 酒精的强度标准或称纯度

C. 酒液中麦芽汁的含量　　　　　　D. 酒度的表示方法

(3)啤酒的好坏，主要从(　　　)几方面来鉴别。

A. 颜色、香味、口味、泡沫　　　　B. 颜色、口味、酒度、泡沫

C. 颜色、香味、口味、酒度　　　　D. 酒度、香味、口味、泡沫

(4)以(　　　)、粳米、黏黄米为主要生产原料制作的是黄酒。

A. 大麦　　　　　B. 小麦　　　　　C. 糯米　　　　　D. 大米

(5)(　　　)是构成红葡萄酒口味结构的主要成分。

A. 单宁　　　　　B. 麦芽糖　　　　C. 乙醛和糖分　　　D. 乙酚

(6)清酒的颜色为(　　　)。

A. 无色　　　　B. 无色或淡黄色　　C. 淡黄色　　　　D. 棕黄色

4. 简答题

(1)为什么啤酒的酒精度只有 5％Vol 左右？

(2)法国葡萄酒分为哪几个等级？

二、实训

1. 黄酒的品鉴与饮用服务

实训目的：掌握黄酒的特色和品鉴方法，熟悉黄酒饮用的方法，学会黄酒饮用的服务技能。

训练内容与要求：

(1)由教师展示我国著名黄酒产品，引导学生进行观察和品尝。

任务提示：观色、闻香、品味。

小技巧：用手指蘸一点酒，用食指和拇指黏合一下来感觉黏度。好酒滑腻黏手，洗净之后留有余香。

(2)由教师指导学生进行黄酒饮用服务练习。

①温饮。

任务提示：温酒的方法，可以将盛酒器放入热水中烫热，也可以隔火加温。但黄酒加热时间不宜过久，否则酒精都挥发掉了，反而淡而无味。

②冰镇。

任务提示：将黄酒放入冰箱冷藏室。温度控制在 3℃左右为宜。饮时在杯中放几块冰。也可根据个人口味，在酒中放入话梅、柠檬等，或兑些雪碧、可乐、果汁。有消暑、促进食欲的功效。

2. 葡萄酒鉴赏与饮用服务

实训目的：掌握葡萄酒的品鉴方法，掌握葡萄酒的饮用温度以及葡萄酒与食物搭配的原则，并使学生掌握葡萄酒的服务流程及注意事项。

训练内容与要求：教师收集各类型的葡萄酒，介绍如何通过酒瓶、酒标辨识葡萄酒的品种、年份、产区、等级等，说明葡萄酒的品鉴方法、与食物搭配等。指导学生进行葡萄酒的鉴定，将学生分成 7～8 人一组进行葡萄酒饮用服务训练。

(1)葡萄酒的饮食搭配。

任务提示：不同的葡萄酒其饮用方法也有所不同。选择葡萄酒还要因菜而异，吃不同的菜要喝不同的酒。如吃鱼虾等海鲜产品，佐以干白葡萄酒为宜，因干白葡萄酒含酸较高，可以解腥。吃鸡、鸭、猪、牛等肉类，则佐以干红葡萄酒为佳，因干红葡萄酒含单宁酸多，可以解腻。

(2)葡萄酒饮用温度。

任务提示：干白葡萄酒 8～10℃

半干白葡萄酒 8～12℃

半甜/甜型葡萄酒 10～12℃

干红葡萄酒 16～22℃

半干红葡萄酒 16～18℃

半甜/甜型葡萄酒 14～16℃

起泡葡萄酒（即香槟）10℃以下

(3)葡萄酒服务程序。

任务提示：

①示瓶(验酒)：客人点叫白葡萄酒、香槟、玫瑰红酒时，应将酒放入冰桶内，把干净整洁的餐巾折叠后横放在冰桶上，并将冰桶连同冰桶架放在客人的右侧，把酒取出。左手用餐巾托住以防滴水，右手握瓶颈，标签面向客人，经客人确认后放回冰桶。客人点叫红酒时，调酒师取出点叫的葡萄酒摆放在精美的酒篮中或酒架上，站立于客人右侧，商标面向客人，客人认可后放于餐台上。

②开瓶：开瓶要当着客人的面，先将酒的位置摆好，用左手扶正，右手取出酒刀，切入金属箔纸，轻轻旋转两周，然后用手拿走削断的金属箔，关上酒刀。用餐巾擦净瓶口，再打开螺丝钻，轻轻旋转而入，运用杠杆原理取出木塞，再一次擦净瓶口。取出木塞后，要给客人嗅味，察看瓶塞上标有的年份、酒名等资料。

③斟酒：倒白酒和香槟时要用餐巾包住酒瓶以防滴水；倒红酒时，要放在酒篮中，如果沉淀物过多，要进行滗酒的程序，开瓶的葡萄酒，要先斟 1/6 杯给主人，让其验酒。得到主人认可后，按先女士后男士，先客人后主人的顺序进行斟倒，红酒斟到 1/2 杯，白酒斟到 2/3 杯。

（4）葡萄酒品鉴。

任务提示：提前准备两款红葡萄酒、两款白葡萄酒。（酿酒葡萄品种、年份不同）

品酒前的准备：品前，用净水漱口；记录下对不同酒的印象；不吃有异味的东西；不擦香水，以免干扰酒香。

品酒一般的顺序为：先普通酒后高价酒，先干型酒后甜酒，先清淡后醇厚，先新酒后陈酿。

3. 啤酒品牌识别与饮用服务

实训目的：通过实训使学生通过感官对啤酒进行全面的质量鉴别；学会品尝啤酒的方法与正确的饮用温度。了解啤酒的生产过程与分类；掌握啤酒服务的方法和技巧；学会在斟啤酒时控制杯中泡沫的厚度。

训练内容与要求：

（1）组织学生到本地啤酒厂实地参观学习，让学生初步了解啤酒的生产流程、酿造材料及酿造过程。同时，向专家请教如何鉴定啤酒的质量、如何储存、如何饮用以及啤酒服务技巧等常识。

（2）教师出示啤酒酒标，由学生根据酒标说明啤酒的产地、特点、酒度等概况。

（3）指导学生进行啤酒饮用服务和斟酒练习。

任务提示：啤酒的饮用和服务应考虑三个方面的问题：啤酒与温度的关系、啤酒杯具、斟酒。

①一般啤酒的温度在 6～8℃，高级啤酒在 12℃ 左右时，泡沫丰富，口味最佳。

②选择啤酒杯。

瓶装啤酒：杯口大、杯底小的喇叭形平底杯；大口郁金香型高脚或矮脚杯。

生啤酒杯：带柄壁厚的大容量酒杯。

③斟酒时酒标面对客人，酒瓶口离杯口 3～5 cm，使酒液缓缓沿杯壁流下，一直到泡沫上涨到杯口时为止。稍候片刻，第二次斟倒，上部为洁白泡沫，下部为浅色酒液，形成"白冠黄袍"的外观。倒入杯中酒液与泡沫的比例 3：2 为理想。

4. 清酒的饮用服务

实训目的：熟悉清酒饮用的基本要求和方法。

训练内容与要求：由教师指导学生进行清酒饮用服务操作；

任务提示：清酒常作为佐餐酒和餐后酒，通常需要温烫后饮用。

（1）酒杯。

饮用清酒时可采用浅平碗或小陶瓷杯，也可选用褐色或青紫色玻璃杯作为杯具。

（2）饮用温度。

清酒一般在常温（16℃左右）下饮用，冬天需温烫后饮用，加温一般至 40～50℃。

（3）饮用时间。

清酒可作为佐餐酒，也可作为餐后酒。

项目四

蒸 馏 酒

项目介绍

　　蒸馏酒是发酵酒再经蒸馏提纯而获得的高酒精度饮料，大多是度数较高的烈性酒。本项目将详细介绍白兰地、威士忌、伏特加、金酒、朗姆酒、中国白酒世界六大蒸馏酒的特点、分类、生产工艺、产地、著名品牌、饮用方法等，使学生掌握关于蒸馏酒的知识，熟悉蒸馏酒的服务程序、标准以及服务要求。为今后的鸡尾酒调制奠定基础。

相关链接

蒸馏酒的制作

　　蒸馏酒的原料一般是富含天然糖分或容易转化为糖的淀粉等物质。糖和淀粉经酵母发酵后产生酒精，利用酒精的沸点（78.5℃）和水的沸点（100℃）不同，将原发酵液加热至两者沸点之间，就可从中蒸出和收集到酒精成分和香味物质。利用酒精的挥发性，收集加热产生的蒸汽中的酒汽并经过冷却，得到的酒液虽然无色，气味却辛辣浓烈。其酒度比原酒液的酒度要高得多，一般的酿造酒酒度低于20％，蒸馏酒则可高达60％以上。

任务一　中国白酒

 任 务 描 述

中国白酒历史悠久、种类众多、口味繁多，在世界蒸馏酒中占有重要地位。本任务将介绍中国白酒的特点、中国白酒的五大香型及代表名酒。

一、中国白酒的特点

白酒是中国特有的蒸馏酒，又称烧酒、白干。它是以曲类、酒母为糖化发酵剂，利用淀粉质（糖质）原料，经蒸煮、糖化、发酵、蒸馏、陈酿和勾兑而酿制而成的各类白酒。白酒酒度一般都在 40°以上，但目前已有 40°以下的低度酒。酒质无色（或微黄）透明，气味芳香纯正，入口绵甜爽净，酒精含量较高，经储存老熟后，具有以酯类为主体的复合香味。中国白酒的酒液清澈透明，质地纯净、无混浊，口味芳香浓郁、醇和柔绵、刺激性较强，回味悠久。

相关链接

中国蒸馏酒的起源

中国是世界上最早发明蒸馏技术和蒸馏酒的国家。《本草纲目》中写道："烧酒非古法也，自元代始创其法，其法用浓酒和糟入甑，蒸令汽上，用器承取滴露，凡酸败之酒，皆可蒸烧。近时唯以糯米或粳米，或黍或秫，或大麦，蒸熟，和曲酿瓮中七日，以甑蒸取，其清如水，味极浓冽，盖酒露也。"由此可见，中国在元代以前已经掌握了蒸馏酒的制造技术。大量的文献资料和考古发现证明，中国的蒸馏酒技术最早可追溯到汉代（见图 4-1）。

图 4-1　汉代青铜蒸馏器

二、中国白酒的香型

中国白酒产品种类繁多。1979 年全国第三次评酒会上首次提出：按酒的香型可将白酒划分为 5 种香型，又称 5 种风格。在国家级评酒中，往往按这种方法对酒进行归类。

(一)酱香型白酒

酱香型白酒也称为茅香型白酒,以茅台酒为代表(见图 4-2),酱香柔润为其主要特点。发酵工艺最为复杂,所用的大曲多为超高温酒曲。

(二)浓香型白酒

浓香型白酒以泸州老窖特曲、五粮液(见图 4-3)、洋河大曲等酒为代表,以浓香甘爽为特点,发酵原料是多种原料,以高粱为主,发酵采用混蒸续渣工艺。发酵采用陈年老窖,也有人工培养的老窖。在名优酒中,浓香型白酒的产量最大。四川、江苏等地的酒厂所产的酒均是这种类型。

图 4-2　贵州茅台

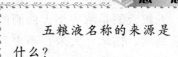
想一想

　　五粮液名称的来源是什么?

(三)清香型白酒

清香型白酒也称汾香型白酒,以汾酒为代表(见图 4-4),其特点是清香纯正,采用清蒸清渣发酵工艺,发酵采用地缸。

图 4-3　五粮液

图 4-4　青花瓷汾酒

(四)米香型白酒

米香型白酒以桂林三花酒为代表,特点是米香纯正,以大米为原料、小曲为糖化剂。

(五)其他香型白酒

这类酒的主要代表有西凤酒、董酒等,香型各有特征,这些酒的酿造工艺采用浓香型、酱香型或汾香型白酒的一些工艺,有的酒的蒸馏工艺也采用串香法。

三、中国十大白酒品牌介绍

(一)茅台酒

茅台酒是世界三大名酒之一，是大曲酱香型白酒的鼻祖，也是中国的国酒，拥有悠久的历史。1915年在巴拿马万国博览会上荣获金质奖章、奖状。新中国成立后，茅台酒又多次获奖，远销世界各地，被誉为世界名酒、"祖国之光"。酿制茅台酒的用水主要是赤水河的水，赤水河水质好，用这种入口微甜、无溶解杂质的水经过蒸馏酿出的酒特别甘美。

由于茅台镇具有极特殊的自然环境和气候条件，因此用茅台酒的传统制作方法，只有在茅台镇才能造出色清透明、醇香馥郁、入口柔绵、清洌甘爽、回香持久的好酒。

(二)五粮液

五粮液酒是浓香型大曲酒的典型代表，产于四川宜宾市，采用传统工艺，精选优质高粱、糯米、大米、小麦和玉米五种粮食酿制而成。具有"香气悠久、味醇厚、入口甘美、入喉净爽、各味协调、恰到好处"的独特风格。五粮液历次蝉联"国家名酒"金奖，1991年被评为中国"十大驰名商标"。继1915年获巴拿马奖80年之后，1995年又获巴拿马国际贸易博览会酒类唯一金奖。五粮液酒体晶莹透明，开瓶喷香。

(三)西凤酒

西凤酒(见图4-5)产于陕西省凤翔县柳林镇西凤酒厂，属其他香型(凤型)。酒液无色清亮透明，醇香芬芳，清而不淡，浓而不艳，集清香、浓香之优点于一体，回味舒畅，风格独特。曾四次被评为国家名酒。

图4-5　如意西凤

(四)双沟大曲

双沟大曲产于江苏省泗洪县双沟镇。1984年的第四次全国评酒会后，该酒以"色清透明，香气浓郁，风味协调，尾净余长"的浓香型典型风格连续两次被评为国家名酒。

(五)洋河大曲

洋河大曲是江苏省泗阳县的洋河酒厂所产，曾被列为中国的八大名酒之一，至今已有300多年的历史。洋河大曲属于浓香型大曲酒，以其"入口甜、落口绵、酒性软、尾爽净、回味香、辛辣"的特点，闻名中外。现洋河大曲的主要品种有洋河大曲55°、低度洋河大曲38°、洋河敦煌大曲和洋河敦煌普曲四个品种。

(六)古井贡酒

古井贡酒产于安徽省亳县古井酒厂。魏王曹操在东汉末年曾向汉献帝上表献过该县已故县令家传的"九酿春酒法"。据当地史志记载，该地酿酒取用的水，来自南北朝时遗存的一口古井，明代万历年间，当地的美酒又曾进献皇帝，因而就有了"古井贡酒"这一美称。古井贡酒属于浓香型白酒，具有"色清如水晶，香醇如幽兰，入口甘美醇和，回味经久不息"的特点。

（七）剑南春

剑南春产于四川省绵竹县。其前身为唐代名酒剑南烧春。唐宪宗后期李肇在《唐国史补》中，将剑南之烧春列入当时天下的十三种名酒。现今酒厂建于1951年4月，剑南春酒问世后，质量不断提高，1979年第三次全国评酒会上，首次被评为国家名酒。剑南春属于浓香型大曲酒，剑南春以高粱、大米、糯米、小麦、玉米"五粮"为原料，具有芳香浓郁、醇和回甜、清洌净爽、余味悠长等特点。

（八）泸州老窖特曲酒

1952年被国家确定为浓香型白酒的典型代表。泸州老窖窖池于1996年被国务院确定为我国白酒行业唯一的全国重点保护文物，誉为"国宝窖池"。泸州老窖国宝酒是经国宝窖池精心酿制而成，是当今最好的浓香型白酒。

（九）汾酒

1915年荣获巴拿马万国博览会甲等金质大奖章，连续五届被评为国家名酒。它是我国清香型白酒的典型代表，以其清香、纯正的独特风格著称于世。其酒典型风格是入口绵、落口甜、饮后余香，适量饮用能驱风寒、消积滞、促进血液循环。酒度有38°、48°、53°。

（十）董酒

董酒产于贵州省遵义市董酒厂，1929—1930年由程氏酿酒作坊酿出董公寺窖酒，1942年定名为"董酒"。1957年建立遵义董酒厂，1963年第一次被评为国家名酒，1979年又被评为国家名酒，董酒的香型既不同于浓香型，也不同于酱香型，而属于其他香型。该酒的生产方法独特，将大曲酒和小曲酒的生产工艺融合在一起。

任务二　外国蒸馏酒

 任 务 描 述

本任务将介绍白兰地、威士忌、伏特加、金酒、朗姆酒五种外国蒸馏酒特点、原料、分类、主要产地和著名品牌，使学生掌握蒸馏酒的基本知识，具备蒸馏酒服务的技能，为鸡尾酒制作奠定基础。

一、外国蒸馏酒概述

蒸馏技术最早不是应用于对酒的蒸馏，而是从植物中提取香料。中世纪的阿拉伯人将一种黑色的粉末加热汽化再凝固，生产成描眉的化妆品，并把这种化妆品称为阿尔科（Alkohl）。国外已有证据表明大约在 12 世纪，人们第一次制成了蒸馏酒。当时蒸馏得到的烈性酒并不是饮用的，而是作为引起燃烧的燃料，或作为溶剂，后来又用于药品。后来把这一技术运用到对酒的提纯中，传到了欧洲。14 世纪蒙彼利埃大学教授阿诺德维拉努瓦（Arnaudde Vilanove）完善了酒的蒸馏技术，并提出了"Alcohol"（酒精）一词。

蒸馏酒按原料、生产方式、个性特色可以分为：以葡萄和其他水果为原料的白兰地（Brandy）；以大麦、黑麦、玉米为原料的威士忌（Whisky）；以蔗糖、糖为原料的朗姆酒（Rum）；以精制酒精串香杜松子为原料的金酒（Gin）；高纯度酒精饮料伏特加（Vodka）；以龙舌兰属植物酿造的特基拉酒（Tequila）。

二、白兰地

白兰地通常被人称为"葡萄酒的灵魂"。白兰地是英文 Brandy 的译音，最初来自荷兰文 Brandewijn，意为可燃烧的酒。它是以水果为原料，经发酵、蒸馏制成的酒。通常所称的白兰地专指以葡萄为原料，通过发酵后经蒸馏而得到的高度酒精，再经橡木桶储存而成的酒。而以其他水果为原料，通过同样的方法制成的酒，常在白兰地酒前面加上水果原料的名称以区别其种类。比如，以樱桃为原料制成的白兰地称为樱桃白兰地（Cherry Brandy），以苹果为原料的称为苹果白兰地（Apple Brandy）等。

相关链接

白兰地的起源

16 世纪时，法国开伦脱（Charente）河沿岸的码头上有很多法国和荷兰的葡萄酒商人，他们将法国葡萄酒出口荷兰的交易进行得十分兴盛，这种贸易都是通过船只航运而实现的。当时该地区经常发生战争，故而葡萄酒的贸易常因航行中断而受阻，由于运输时间的延迟，葡萄酒变质造成商人受损是常有的事；此外，葡萄酒整箱装运占去的空间较大，费用昂贵，也使成本增加。这时有一位聪明的荷兰商人，采用当时的蒸馏液浓缩成为会燃烧的酒，然后把这种酒用木桶装运

图 4-6　白玉霓葡萄

到荷兰去，再兑水稀释以降低酒度出售，这样酒就不会变质，成本亦降低了。但是他没有想到，那不兑水的蒸馏水更令人感到甘美可口。然而，桶装酒同样也会因遭遇战争而停航，停航的时间有时会很长。意外的是，人们惊喜地发现，桶装的葡萄蒸馏酒并未因运输时间长而变质，而且由于在橡木桶中储存日

久，酒色从原来的透明无色变成美丽的琥珀色，而且香味更加芬芳醇和。从此大家从实践中得出一个结论：葡萄经蒸馏后得到的高度烈酒一定要放入橡木桶中储藏一段时间后，才会提高质量，改变风味，令人喜爱。

(一)白兰地原料

白兰地是以葡萄为原料，经过榨汁、去皮、去核、发酵等程序，得到含酒精度较低的葡萄原酒，再将葡萄原酒蒸馏得到无色烈性酒。将得到的烈性酒放入橡木桶储存、陈酿，再进行勾兑以达到理想的颜色、芳香味道和酒精度，从而得到优质的白兰地。最后将勾兑好的白兰地装瓶。

(二)白兰地口味

白兰地酒度在 $40°\sim43°$，虽属烈性酒，但由于经过长时间的陈酿，其口感柔和，香味纯正，饮用后给人以高雅、舒畅的享受。白兰地呈美丽的琥珀色，富有吸引力，其悠久的历史也给它蒙上了一层神秘的色彩。

国际上通行的白兰地，酒精体积分数在 40% 左右，色泽金黄晶亮，具有优雅细致的葡萄果香和浓郁的陈酿木香，口味甘洌，醇美无瑕，余香萦绕不散。

> **想一想**
>
> 白兰地的颜色来源于（　　）。
>
> A. 自然生色
> B. 人工增色
> C. 酿酒原料
> D. 储存容器

(三)白兰地的分类

世界上有很多国家都生产白兰地，如法国、德国、意大利、西班牙、美国等，但以法国生产的白兰地为品质最好，而法国白兰地又以干邑和雅文邑两个地区的产品为最佳，其中，干邑的品质举世公认，最负盛名。

白兰地以产地、原料的不同可分为：干邑、雅文邑、法国白兰地、其他国家白兰地、葡萄渣白兰地、水果白兰地等六大类。

(四)白兰地酒龄的表示

在法国，行业内以原产地命名白兰地的管理规则非常严格，而对于其他白兰地的规则要宽松得多，按顺序可分为三星(低档)，蕴藏期不少于两年；V. O(中档)，V. O. S. P(较高档)，蕴藏期不少于四年；F. O. V(高档)酒龄不低于四年半；EX-TRA、NAPOLEAN(拿破仑)酒龄不低于五年半；X. O Club、特醇 X. O 等酒龄六年以上。

1. 星级法

1811 年，许多彗星落在法国。轩尼诗公司首先开始在商标上用星星的个数来表示干邑的质量。星星的个数从一颗发展到五颗。

★	三年以上
★★	四年以上
★★★	五年以上
★★★★	五到八年
★★★★★	八到十年

2. 字母缩写法

字母缩写法见表4-1。

表4-1　缩写字母及其含义

缩写字母	全称	中文含义
V	Very	非常的
S	Superior	上好的
O	Old	老的
P	Pale	淡的
E	Especial	特别的
F	Fine	好的
C	Cognac	干邑
X	Extra	格外的
VO or. VSO		三年以上
VSOP		四年以上
X. O		六年以上

(五)主产地：法国科涅克

1. 干邑白兰地

干邑，是法国南部的一个地区，是法国白兰地最古老、最著名的产区，干邑地区的土壤、气候、雨水等自然条件特别利于葡萄的生长，干邑白兰地(Cognac)之所以享有盛誉，与其原料、土壤、气候、蒸馏设备及方法、老熟方法密切相关，干邑白兰地被称为"白兰地之王"。

干邑白兰地酒体呈琥珀色，清亮透明，口味讲究，风格爽烈，特点突出，酒度为43°。

干邑白兰地的原料选用的是圣·爱米勇(Saint Emilim)、哥伦巴(Colombard)、白疯女(Folle Blanche)三个著名的白葡萄品种，以夏朗德壶式蒸馏器，经两次蒸馏，再盛入新橡木桶内储存，一年后，移至旧橡木桶，以避免吸收过多的单宁。

干邑是白兰地的极品，干邑产品受到法国政府的严格限制

图4-7　人头马 VSOP

和保护，依照 1909 年 5 月 1 日法国政府颁布的法令：只有在干邑地区（包括夏朗德省及附近的六个区）生产的白兰地才能称为干邑，并受国家监督和保护。这六个产区及其质量和产量见表 4-1。

表 4-1　干邑产区及其质量和产量

产　区	质量	产量
Grande Champagne（大香槟区）	一级	14.65%
Petite Champagne（小香槟区）	二级	15.98%
Borderies（边林区）	三级	4.53%
Fins Bois（优质林区）	四级	37.82%
Bons Bois（良质林区）	五级	22.19%
Bois Ordinaires（普通林区）Bois Communs	六级	4.38%

（1）Augier（奥吉尔）。又称爱之喜；是由创立于 1643 年的奥吉·弗雷尔公司生产的干邑名品。该公司由皮耶尔·奥吉创立，是干邑地区历史最悠久的干邑酿造厂商之一，其酒瓶商标上均注有"The Oldest House in Cognac"词句，意为"这是科涅克老店"，以表明其历史的悠久。等级品种分类有散发浓郁橡木香味的三星奥吉尔（见图 4-8），还有用酿藏 12 年以上原酒调和勾兑的"VSOP"奥吉尔。

（2）Bisquit（百事吉）。始创于 1819 年，经过一百八十余年的发展，现已成为欧洲最大的蒸馏酒酿造厂之一。品种有三星、VSOP（陈酿）（见图 4-9）、Napoleon（拿破仑）和 XO（特酿）、Bisquit Bubonche VSOP（百事吉·杜邦逊最佳陈年）、Extra-Bisquit（百事吉远年干邑）以及现在在全球限量发售的"百事吉世纪珍藏"。

图 4-8　三星奥吉尔　　　　图 4-9　百事吉 VSOP

（3）Camus（卡慕）。又称金花干邑或甘武士；由法国 CAMUS 公司出品，该公司创立于 1863 年，是法国著名的干邑白兰地生产企业。卡慕所产干邑白兰地均采用自家果园栽种的圣·迪米里翁（Saint emilion）优质葡萄作为原料加以酿制混合而成，等级品种分类除 VSOP（陈酿）、Napoleon（拿破仑）和 XO（特酿）（见图 4-10）以外，还包括 Camus Napoleon Extra（卡慕特级拿破仑）、Camus Silver Baccarat（卡慕嵌银百家乐水晶瓶干邑）、Camus Limoges Book（卡慕瓷书，又分为 Blue book 蓝瓷书 和 Burgundy Book 红瓷书两种）、Camus Limoges Drum（卡慕瓷鼓）、Camus Baccarat Crystal Decanter（卡慕百家乐水晶瓶）、Camus Josephine（约瑟芬）以及巴雷尔等多个系列品种。

（4）Courvosier（拿破仑）。音译为"库瓦齐埃"，又称康福寿。库瓦齐埃公司创立于 1790 年，该公司在拿破仑一世在位时，由于献上自己公司酿制的优质白兰地而受到赞赏。在拿破仑三世时，它被指定为白兰地酒的承办商。是法国著名干邑白兰地。等级品种分类除三星、VSOP（陈酿）、Napoleon（拿破仑）和 XO（特酿）（见图 4-11）以外，还包括 Courvoisier Imperiale（库瓦齐埃高级干邑白兰地）、Courvoisier Napoleon Cognac（库瓦齐埃拿破仑干邑）、Courvoisier Extra（库瓦齐埃特级）以及"VOC 迪坎特"和限量发售的"耶尔迪"等。从 1988 年起，该公司将法国绘画大师伊德特别为拿破仑干邑白兰地酒设计的 7 幅作品分别投影在干邑白兰地酒瓶上。

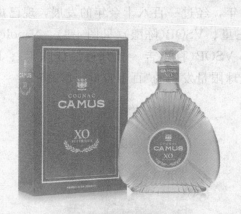

图 4-10　卡慕 XO　　　　　　　　　图 4-11　拿破仑 XO

（5）F. O. V. 长颈。由法国狄莫酒厂出产的 F. O. V.（见图 4-12）是干邑白兰地的著名品牌，凭着独特优良的酒质和其匠心独运的樽型，更成为人所共知的标记，因而得享"长颈"之名。F. O. V. 采用上佳葡萄酿制，清冽甘香，带有怡人的原野香草气息。

（6）Hennessy（轩尼诗）。是由爱尔兰人 Richard Hennessy 李察·轩尼诗于 1765 年创立的酿酒公司，是世界著名的干邑白兰地品牌之一。1860 年，该公司首家以玻璃瓶为包装出口干邑白兰地，在拿破仑三世时，该公司已经使用能够证明白兰地酒级别的星号，目前，已成为干邑地区最大的三家酿酒公司之一。名品有：轩尼诗

VSOP(见图 4-13)、拿破仑轩尼诗、轩尼诗 XO(见图 4-13)、Richard Hennessy(轩尼诗·李察)以及 Hennessy Paradis(轩尼诗杯莫停)等。150 多年前，轩尼诗家族在干邑地区首先推出 XO 干邑白兰地品牌，并于 1872 年运抵中国上海，从而开始了轩尼诗公司在亚洲的贸易。

图 4-12　F. O. V.　　　　图 4-13　轩尼诗 XO 和轩尼诗 VSOP

(7)Hine(御鹿)。以酿酒公司名命名。该公司创建于 1763 年。由于该酿酒公司一直由英国的海因家族经营和管理，因此，在 1962 年被英国伊丽莎白女王指定为英国王室酒类承办商。在该公司的产品中，"古董"是圆润可口的陈酿(见图 4-14)；"珍品"是采用海因家族秘藏的古酒制成。

(8)Larsen 拉珊。拉珊公司是由挪威籍的詹姆士·拉森于 1926 年创立。该品牌干邑产品，除一般玻璃瓶装的拉珊 VSOP(陈酿)、Napoleon(拿破仑)和 XO(特酿)和 Extra 等多个类型以外，还有享誉全球的以维京帆船(见图 4-15)为包装造型的玻璃瓶和瓷瓶系列。拉珊干邑白兰地全部产品均采用大、小香槟区所产原酒加以调和勾兑酿制而成，具有圆润可口的风味，为科涅克地区所产干邑白兰地的上品。

图 4-14　御鹿 XO　　　　图 4-15　拉珊帆船

　　(9)Martell(马爹利)。马爹利以酿酒公司名命名。该公司创建于1715年，创始人尚·马爹利，自公司创建以来一直由马爹利家族经营和管理，并获得"稀世罕见的美酒"之美誉。该公司的主要产品有马爹利金牌(MARTELL VSOP Medaillon)、马爹利名士(MARTELL Noblige)、马爹利蓝带(MARTELL Cordon Bleu)(见图4-16)、马爹利XO(见图4-16)、银尊马爹利干邑(MARTELL Extra)、金王马爹利干邑(Martell L'OR)等。

　　(10)Remy Martin(人头马)。以酿酒公司名命名。"人头马"是以其酒标上人头马身的希腊神话人物造型为标志而得名的。该公司创建于1724年，创始人为雷米·马丁。该公司选用大小香槟区的葡萄为原料，以传统的小蒸馏器进行蒸馏，品质优秀，因此被法国政府冠以特别荣誉名称 Fine Champagne Cognac(特优香槟区干邑)。该公司的拿破仑不是以白兰地的级别出现的，而是以商标出现，酒味刚强。Remy Martain Special(人头马卓越非凡)口感轻柔、口味丰富，采用六年以上的陈酒混合而成。Remy Martain Club(人头马俱乐部)有着淡雅和清香的味道。Remy Martain XO(特别陈酿)(见图4-17)具有浓郁芬芳的特点。另外，还有干邑白兰地中高品质的代表 Louis XIII 路易十三(见图4-18)，该酒是用275年到75年前的存酒精酿而成的。做一瓶酒要历经三代酿酒师。酒的原料采用法国最好的葡萄产区"大香槟区"最上等的葡萄；而"路易十三"的酒瓶，则是以纯手工制作的水晶瓶，据称"世界上绝对没有两只完全一样的路易十三酒瓶"。

图 4-16　马爹利 XO 和马爹利蓝带　　　　　图 4-17　人头马 XO

　　(11)Otard(豪达)。由英国流亡法国的约翰·安东尼瓦努·奥达尔家族酿制生产的著名法国干邑白兰地。品种有三星、VSOP(陈酿)、Napoleon(拿破仑)和XO(特酿)(见图4-19)、Otard France Cognac(豪达法兰西干邑)、Otard Cognac Napoleon(豪达干邑拿破仑)和马利亚居以及 Otard(豪达干邑白兰地)的极品法兰梭瓦一世·罗伊尔·巴斯特等多种类型。

图 4-18　人头马路易十三

图 4-19　豪达 XO

图 4-20　夏博 VSOP

图 4-21　珍尼 XO

（12）Louis Royer（路易老爷）。又称路易·鲁瓦耶。1853 年由路易·鲁瓦耶在雅尔纳克的夏朗德河畔建立，先后历经四代。到了 1989 年，公司被日本三得利（Suntory）所收购。商标的标识是一只蜜蜂。几乎所有产品都是供出口的（法国只占1%），主要销往欧洲、中国大陆、中国香港、中国台湾、新加坡和韩国。

此外，还有 A·Hardy（阿迪）、Alain Fougerat（阿兰·富热拉）、A·Riffaud（安·利佛）、A·E·Audry（奥德里）、Charpentron（夏尔庞特隆或耶罗）、Chateau Montifaud（芒蒂佛城堡）、Croizet（克鲁瓦泽）、Deau（迪奥）、Delamain（德拉曼或得万利）、Dompierre（杜皮埃尔）、Duboigalant（多布瓦加兰）、Exshaw（爱克萧）、Gaston de Largrance（加斯顿·德·拉格朗热或醇金马）Louis Royer（路易老爷）、Maison Guerbe（郁金香）、Meukow（缪克）、Moyet（慕瓦耶）、J·Normandin～Mercier(诺曼丁·梅西耶)、Planat(普拉纳)、P·Frapin(弗拉潘)、Pierre Ferrand(皮埃尔·费朗)等众多干邑品牌。

2. 雅文邑白兰地

仅次于干邑的是雅文邑白兰地(Armagnac)，雅文邑位于干邑南部，即法国西南部的热尔省(Gers)境内，以产深色白兰地驰名，虽没有干邑著名，但风格与其很接近。酒体呈琥珀色，发黑发亮，因储存时间较短，所以口味烈。陈年或远年的雅文邑白兰地酒香袭人，它风格稳健沉着，醇厚浓郁，回味悠长。留杯许久，有时可达一星期之久，酒度为43°。雅文邑也是受法国法律保护的白兰地品种。只有雅文邑当地产的白兰地才可以在商标上冠以 Armagnac 字样。雅文邑白兰地的名品有：卡斯塔浓(Castagnon)、夏博 Vsop(Chabot VSOP)(见图 4-20)、珍尼 XO(Janneau XO)(见图 4-21)、索法尔(Sauval)、桑卜(Semp)。

3. 其他国家和地区的白兰地

除了干邑、雅文邑以外，世界上还有其他许多国家和地区生产葡葡蒸馏酒，均可称之为白兰地(Brandy)。

(1)法国白兰地(Franch brandy)：指除干邑、雅文邑以外的法国其他地区生产的白兰地，与其他国家的白兰地相比，品质上乘。

(2)西班牙白兰地(Spanish brandy)：除法国以外，西班牙白兰地是最好的。有些西班牙白兰地是用雪利酒(Sherry)蒸馏而成的。目前许多这种酒，是用各地产的葡萄酒蒸馏混合而成。此酒在味道上与干邑和雅文邑有显著的不同，味较甜而带土壤味。

(3)美国白兰地(American brandy)：大部分产自于加利福尼亚州，它是以加州产的葡萄为原料，发酵蒸馏至 85proof，储存在白色橡木桶中至少两年，有的加焦糖调色而成。

除此之外，葡萄牙、秘鲁、德国、希腊、澳洲、南非、以色列和意大利、日本也产优质白兰地。

(六)白兰地的品鉴

白兰地经过多年的陈酿形成了迷人的颜色、变化多端的香气、醇厚多层次的味道。因此在品尝时要按一定的程序慢慢鉴赏。

品鉴白兰地的第一步：举杯齐眉，察看白兰地的清度和颜色。好白兰地应该澄清晶亮、有光泽。品质优良的干邑白兰地应呈现金黄色或琥珀色，通常颜色越深，表示陈年越久。

品鉴白兰地的第二步：闻白兰地的香气。白兰地的芳香成分是非常复杂的，既有优雅的葡萄品种香，又有浓郁的橡木香，还有在蒸馏过程和储藏过程获得的酯香和陈酿香。由于人的嗅觉器官特别灵敏，所以当鼻子接近玻璃杯时，就能闻到一股优雅的芳香，这是白兰地的前香。然后轻轻摇动杯子，这时散发出来的是白兰地特有的醇香，像是椴树花、葡萄花、干的葡萄嫩枝、压榨后的葡萄渣、紫罗兰、香草等散发出的香味。这种香很细腻，幽雅浓郁，是白兰地的后香。

品鉴白兰地的第三步：入口品尝。白兰地的香味成分很复杂。有乙醇的辛辣味，有单糖的微甜味，还有单宁多酚的苦涩味及有机酸成分的微酸味。好白兰地，酸甜苦辣的各种刺激相互协调，相辅相成，一经沾唇，醇美无瑕，品味无穷。舌面上的味蕾，口腔黏膜的感觉，可以鉴定白兰地的质量。品酒者饮一小口白兰地，让它在口腔里扩散回旋，使舌头和口腔广泛地接触、感受它，品尝者可以体察到白兰地的酒香、滋味和特性（协调、醇和、甘洌、沁润、细腻、丰满、绵延、纯正），所有的这些都可以辨别和享用优质的白兰地。

三、威士忌

威士忌是指以大麦、黑麦、燕麦、小麦、玉米等谷物为原料，经发酵、蒸馏后放入橡木桶中陈酿、勾兑而成的一种酒精饮料。不同国家对威士忌的写法也有差异，爱尔兰和美国写为 Whiskey，而苏格兰和加拿大则写成 Whisky，威士忌酒主要生产国为英语国家。

相关链接

威士忌的起源

中世纪初的炼金术士偶然发现，在炼金用的坩埚中放入某种发酵液，会产生酒精度强烈的液体，这便是人类初次获得的蒸馏酒。英格兰亨利二世在远征爱尔兰的战争中，常常饮用一种以谷物为原料的蒸馏酒，这就是威士忌的前身。威士忌的木桶储藏法诞生于 18 世纪。当时，一些不满英政府麦芽税的苏格兰造酒商，为了逃税，将造出的酒用木桶装好，藏在不为人察觉的深山中，经过一段时间，打开一尝，发现酒味更加醇厚成熟，木桶储酒法就此传播开来。以苏格兰威士忌最为著名。

（一）威士忌的酿制工艺

一般威士忌的酿制工艺过程可分为下列七个步骤。

1. 发芽

首先将去除杂质后的麦类（Malt）或谷类（Grain）浸泡在热水中使其发芽（malting），一般需要 1~2 周的时间，待其发芽后再将其烘干或使用泥煤（Peat）熏干，等冷却后再储放大约一个月的时间，发芽的过程即算完成。在所有的威士忌中，只有苏格兰地区所生产的威士忌是使用泥煤将发芽过的麦类或谷类熏干的，因此苏格兰威士忌拥有一种独特泥煤的烟熏味，这是其他种类的威士忌所没有的。

2. 磨碎

磨碎（mashing）是将存放经过一个月后的发芽麦类或谷类放入特制的不锈钢槽中加以捣碎并煮熟成汁，其间所需要的时间约 8~12 个小时，通常在磨碎的过程中，温度及时间的控制可说是相当重要的环节，过高的温度或过长的时间都将会影响到麦芽汁（或谷类的汁）的品质。

3. 发酵

将冷却后的麦芽汁加入酵母菌进行发酵（fermentation）的过程，由于酵母能将麦芽汁中醣转化成酒精，因此在完成发酵过程后会产生酒精浓度 5%～6% 的液体，此时的液体被称为"Wash"或"Beer"。可用于发酵的酵母很多，一般来讲在发酵的过程中，威士忌厂会使用至少两种以上不同品种的酵母来进行发酵，最多的也有使用十几种不同品种的酵母混合在一起来进行发酵。

4. 蒸馏

蒸馏（distillation）具有浓缩的作用，当麦类或谷类经发酵后所形成的低酒精度的"Beer"后，还需要经过蒸馏的步骤才能形成威士忌酒，这时的威士忌酒精浓度在 60%～70% 被称为"新酒"，麦类与谷类原料所使用的蒸馏方式有所不同，由麦类制成的麦芽威士忌是采取单一蒸馏法，即以单一蒸馏容器进行两次的蒸馏过程，并在第二次蒸馏后，将冷凝流出的酒掐头去尾，只取中间的"酒心"（Heart）部分成为威士忌新酒。由谷类制成的威士忌酒则是采取连续式的蒸馏方法，使用两个蒸馏容器以串联方式一次连续进行两个阶段的蒸馏过程。各个酒厂在筛选"酒心"的量上，并无一固定统一的比例标准，完全是依各酒厂的酒品要求自行决定，一般各个酒厂取"酒心"的比例多掌握在 60%～70%，也有的酒厂为制造高品质的威士忌酒，取其纯度最高的部分来使用。如麦卡伦（Macallan）单一麦芽威士忌即是如此，即只取 17% 的"酒心"作为酿制威士忌酒的新酒使用。

5. 陈年

蒸馏过后的新酒必须要经过陈年（maturing）的过程，使其经过橡木桶的陈酿来吸收植物的天然香气，并产生出漂亮的琥珀色，同时亦可逐渐降低其高浓度酒精的强烈刺激感。目前在苏格兰地区有相关的法令来规范陈年的酒龄时间，即每一种酒所标示的酒龄都必须是真实无误的，苏格兰威士忌酒至少要在木酒桶中蕴藏三年以上，才能上市销售。因此苏格兰地区出产的威士忌酒得以在全世界建立起高品质的形象。

6. 混配

由于麦类及谷类原料的品种众多，因此所制造而成的威士忌酒也存在各不相同的风味，这时就靠各个酒厂的调酒大师依其经验和本品牌酒质的要求，按照一定的比例调配勾兑出口味与众不同的威士忌酒，因此各个品牌的混配过程及其内容都被视为绝对的机密。需要说明的是这里所说的"混配"（belnding）包含两种含义：谷类与麦类原酒的混配；不同陈酿年代原酒的勾兑混配。

7. 装瓶

在混配的工艺做完之后，最后剩下来的就是装瓶（bottling）了，但是在装瓶之前先要将混配好的威士忌再过滤一次，将其杂质去除掉，然后再贴上各自厂家的商标后即可装箱出售。

(二)威士忌的饮用

威士忌口感醇厚，适合纯饮与餐后饮用。可纯饮，也可加纯净水、冰或苏打，女性饮用可加果汁、饮料等。

(三)威士忌的分类

威士忌的分类方法很多，依照威士忌酒所使用的原料不同，可分为纯麦威士忌和谷物威士忌以及黑麦威士忌等；按照威士忌在橡木桶的储存时间，它可分为数年到数十年等不同年限的品种；根据酒精度，威士忌酒可分为40°～60°等不同酒精度的威士忌；最具代表性的威士忌分类方法是依照生产地和国家的不同可将威士忌分为苏格兰威士忌、爱尔兰威士忌、美国威士忌和加拿大威士忌四大类。其中尤以苏格兰威士忌最为著名。

1. 苏格兰威士忌

苏格兰威士忌(Scotch Whisky)已有500年的生产历史，其产品有独特的风格，色泽棕黄带红，清澈透明，气味焦香，带有一定的烟熏味，具有浓厚的苏格兰乡土气息。苏格兰威士忌具有口感甘洌、醇厚、劲足、圆润、绵柔的特点，是世界上最好的威士忌酒之一。它的工艺特征是使用当地的泥煤为燃料烘干麦芽，再粉碎、蒸煮、糖化，发酵后再经壶式蒸馏器蒸馏，产生70°左右的无色威士忌，再装入内部烤焦的橡木桶内，储藏上五年甚至更长一些时间。其中有很多品牌的威士忌蕴藏期超过了10年、15～20年为最优质的成品酒。最后经勾兑混配后调制成酒精含量在40°左右的成品出厂。苏格兰威士忌品种繁多，按原料和酿造方法不同，可分为三大类：纯麦芽威士忌、谷物威士忌和兑合威士忌。

2. 爱尔兰威士忌

爱尔兰威士忌(Irish Whiskey)作为咖啡伴侣而被人们熟悉，其独特的香味深受人们所喜爱。爱尔兰制造威士忌至少有700年的历史。爱尔兰威士忌用塔式蒸馏器经过三次蒸馏，然后入桶老熟陈酿，一般陈酿时间在8～15年，所以成熟度相对较高，装瓶时要混合掺水稀释。因原料不用泥炭熏焙，所以没有焦香味，口味比较绵柔长润，适用于制作混合酒与其他饮料共饮。为了保证其口味的一惯性还要进行勾兑与掺水稀释。国际市场上的爱尔兰威士忌的度数在40°左右。

3. 美国威士忌

美国是生产威士忌的著名国家之一，也是世界上最大的威士忌消费国。虽然美国威士忌(American Whisky)的生产历史仅有200多年，但其产品紧跟市场需求，产品类型不断翻新，因此美国威士忌很受人们的欢迎。美国威士忌蒸馏后放入内侧熏焦的橡木酒桶中酿制4～8年。以优质的水、温和的酒质和带有焦黑橡木桶的香味而著名，尤其是美国的波本威士忌(Bourbon Whiskey)更是享誉世界。

4. 加拿大威士忌

加拿大威士忌(Canadian Whisky)的著名产品是黑麦威士忌和混合威士忌。在黑麦威士忌中黑麦是主要原料，占51%以上，再配以大麦芽及其他谷类组成，此酒经发酵、蒸馏、勾兑等工艺，并在白橡木桶中陈酿至少 3 年(一般达到 4~6 年)，才能出品。该酒口味细腻，酒体轻盈淡雅，酒度 40°以上，特别适宜作为混合酒的基酒使用。加拿大威士忌在原料、酿造方法及酒体风格等方面与美国威士忌比较相似。

(四)威士忌主要品牌

1. 苏格兰兑和威士忌的主要品牌

(1)Ballantine's(百龄坛)。百龄坛公司创立于 1827 年，其产品是以产自于苏格兰高地的八家酿酒厂生产的纯麦芽威士忌为主，再配以42 种其他苏格兰麦芽威士忌，然后与自己公司酿制的谷物威士忌进行混合勾兑调制而成。具有口感圆润，浓郁醇香的特点，是世界上最受欢迎的兑和威士忌之一。产品有：特醇、金玺、12 年(见图 4-22)、17 年、30 年等多个品种。

图 4-22
百龄坛 12 年

(2)Bell's(金铃)。金铃威士忌是英国最受欢迎的威士忌品牌之一，由创立于 1825 年的贝尔公司生产。其产品都是使用极具平衡感的纯麦芽威士忌为原酒勾兑而成，产品有：Extra Special(标准品)(见图 4-23)、Bell's Deluxe(12 年)、Bell's Decanter(20 年)、Bell's Royal Reserve(21 年)等多个级别。

(3)Chivas Regal(芝华士)。芝华士由创立于 1801 年的 Chivas Brothers Ltd.(芝华士兄弟公司)生产，Chivas Regal 的意思是"Chivas 家族的王者"，在 1843 年，Chivas Regal 曾作为维多利亚女王的御用酒。产品有：芝华士 12 年(Chivas Regal 12)(见图 4-24)、皇家礼炮(Royal Salute)(见图 4-25)两种规格。

图 4-23　金铃标准品　　图 4-24　芝华士 12 年　图 4-25　皇家礼炮 12 年

(4)Cutty Sark(顺风)。又称帆船、魔女紧身衣；诞生于 1923 年，具有现代口感的清淡型苏格兰混合威士忌，该酒酒性比较柔和，是国际上比较畅销的苏格兰威士忌之一。该酒采用苏格兰低地纯麦芽威士忌作为原酒与苏格兰高地纯麦芽威士忌勾兑调和而成。产品分为 Cutty Sark(标准品)、Berry Sark(10 年)、Cutty(12 年)(见图 4-26)、St. James(圣·詹姆斯)等。

（5）Dimple（添宝 15 年）。添宝 15 年（见图 4-27）是 1989 年向世界推出的苏格兰混合威士忌，具有金丝的独特瓶型和散发着酿藏 15 年的醇香，更显得独具一格，深受上层人士的喜爱。

图 4-26　顺风 12 年　　　　　　　　　　图 4-27　添宝 15 年

（6）Grant's（格兰特）。是苏格兰纯麦芽威士忌 Glenfiddich 的姐妹酒，均由英国威廉·格兰特父子有限公司出品，格兰特牌威士忌给人的感觉是爽快和具有男性化的辣味，因此在世界具有较高的知名度。其标准品为 Standfast（意为其创始人威廉姆·格兰特常说的一句话"你奋起吧"），另外还有 Grant's Centenary（格兰特世纪酒）以及 Grant's Royal 12（皇家格兰特，12 年陈酿）（见图 4-28）和 Grant's 21（格兰特21 年极品威士忌）等多个品种。

图 4-28　格兰菲迪 15 年和格兰特 12 年　　　　图 4-29　珍宝 12 年

(7)J&B(珍宝)(见图4-29)。始创于1749年的苏格兰混合威士忌,由贾斯泰瑞尼和布鲁克斯有限公司出品,该酒取名于该公司英文名称的字母缩写,属于清淡型混合威士忌。该酒采用42种不同的麦芽威士忌与谷物威士忌混合勾兑而成。它是目前世界上销量比较大的苏格兰威士忌之一。

(8)Johnnie Walker(尊尼·获加)。尊尼获加是苏格兰威士忌的代表酒,该酒以产自于苏格兰高地的四十余种麦芽威士忌为原酒,再混合谷物威士忌勾兑调配而成。Johnnie Walker Red Label(红方或红标)(见图4-30)是其标准品,在世界范围内销量很大;Johnnie Walker Black Label(黑方或黑标)(见图4-30)是采用12年陈酿麦芽威士忌调配而成的高级品,具有圆润可口的风味。另外还有Johnnie Walker Blue Label(蓝方或蓝标);Johnnie Walker Gold Label(金方或金标)陈酿18年的尊尼获加威士忌系列酒、Johnnie Walker Swing Superior(尊豪)酒瓶采用不倒翁设计式样,非常独特。Johnnie Walker Premier(尊爵)属极品级苏格兰威士忌,该酒酒质馥郁醇厚,特别适合亚洲人的饮食口味。

图4-30 黑标和红标　　　　图4-31 帕斯波特和威雀

(9)Passport 帕斯波特。帕斯波特(见图4-31)又称护照威士忌;由威廉·隆格摩尔公司于1968年推出的具有现代气息的清淡型威士忌,该酒具有明亮轻盈,口感圆润的特点。非常受年轻人的欢迎。

(10)The Famous Grouse(威雀)。威雀(见图4-31)由创立于1800年的马修·克拉克公司出品。Famous Grouse属于其标准产品,还有Famous Grouse 15(15年陈酿)和Famous Grouse 21(21年陈酿)等。

此外,比较著名的苏格兰兑和威士忌还有Claymore(克雷蒙)、Criterio(克利迪欧)、Dewar(笛沃)、Dunhill(登喜路)、Hedges&Butler(赫杰斯与波特勒)、High-

land Park（高原骑士）、King of Scots（苏格兰王）、Old Parr（老帕尔）、Old St. Andrews（老圣·安德鲁斯）、Something Special（珍品）、Spey Royal（王者或斯佩·罗伊尔）、Taplows（泰普罗斯）、Teacher's（提切斯或教师）、White Horse（白马）、William Lawson's（威廉·罗森）等。

2. 苏格兰纯麦威士忌的主要品牌

（1）Glenfiddich（格兰菲迪）。又称鹿谷，由威廉·格兰特父子有限公司出品，该酒厂创立于1887年，是苏格兰纯麦芽威士忌的典型代表。格兰菲迪的特点是味道香浓而油腻，烟熏味浓重突出。品种有8年、10年、12年、18年、21年等。

（2）Glenlivet（兰利斐）。又称格兰利菲特，是由乔治和J.G. 史密斯有限公司生产的12年陈酿纯麦芽威士忌，该酒厂于1824年在苏格兰成立，是第一个在政府登记的蒸馏酒生产厂，因此该酒也被称为"威士忌之父"。

（3）Macallan（麦卡伦）。苏格兰纯麦芽威士忌的主要品牌之一。麦卡伦的特点是由于在储存、酿造期间，完全采用雪利酒橡木桶盛装，因此具有白兰地般的水果芬芳，被酿酒界人士评价为"苏格兰纯麦威士忌中的劳斯莱斯"。在陈酿分类上有10年、12年（见图4-32）、15年、18年、21年以及25年等多个品种，以酒精含量分类有40°、43°、57°等多个品种。

另外还有Argyli（阿尔吉利）、Auchentoshan（欧汉特尚）、Berry's（贝瑞斯）、Burberry's（巴贝利）、Findlater's（芬德拉特）、Strathspy（斯特莱斯佩）等多个品牌。

图4-32　兰利斐21年
和麦卡伦21年

3. 爱尔兰威士忌的主要品牌

（1）John Jameson（约翰·詹姆森）。创立于1780年，是爱尔兰威士忌的代表。其标准品John Jameson具有口感平润并带有清爽的风味，是世界各地的酒吧常备酒品之一；"Jameson 1780 12年"威士忌具有口感十足、甘醇芬芳，是极受人们欢迎的爱尔兰威士忌名酒。

（2）Bushmills（布什米尔）。布什米尔以酒厂名字命名，创立于1784年，该酒以精选大麦制成，生产工艺较复杂，有独特的香味，酒精度数为43°。分为Bushmills、Black Bush、Bushmills Malt（10年）三个级别。

（3）Tullamore Dew（特拉莫尔露）。创立于1829年，酒精度数为43°。其标签上描绘的狗代表着牧羊犬，是爱尔兰的象征。

4. 美国威士忌主要品牌

美国威士忌的主要品牌见图 4-33。

图 4-33　占边、老泰勒、施格兰王冠、四玫瑰

(1)Bartts's(巴特斯)。宾夕法尼亚州生产的传统波旁威士忌酒,分为红标 12 年、黑标 20 年和蓝标 21 年三种产品,酒度均为 50.5°。口味甘醇、华丽。

(2)Four Roses(四玫瑰)。创立于 1888 年,酒度 43°。黄牌四玫瑰酒味道温和、气味芳香;黑牌四玫瑰味道香甜浓厚;而"普拉其那"则口感柔和,气味芬芳、香甜。

(3)Jim Beam(吉姆·比姆),又称占边。是创立于 1795 年的 Jim Beam 公司生产的具有代表性的波旁威士忌。该酒以发酵过的黑麦、大麦芽、碎玉米为原料蒸馏而成。具有圆润可口、香气四溢的特点。分为 Jim Beam(占边,酒度为 40.3°)、Beam's Choice(精选,酒度为 43°)、Barrel~Bonded 经过长期陈酿的豪华产品等。

(4)Old Taylor(老泰勒)。由创立于 1887 年的基·奥尔德·泰勒公司生产,酒度为 42°。该酒陈酿六年,有着浓郁的木桶香味,具有平滑顺畅、圆润可口的特点。

(5)Old Weller(老韦勒)。由 W. C. 韦勒公司生产,酒度为 53.5°,陈酿七年,是深具传统风味的波旁威士忌酒。

(6)Sunny Glen(桑尼·格兰)。桑尼·格兰意为阳光普照的山谷,该酒勾兑调和后,要在白橡木桶中陈酿十二年,酒度为 40°。

(7)Old Overholt(老奥弗霍尔德)。由创立于 1810 年的 A. 奥弗霍尔德公司在宾夕法尼亚州生产的著名黑麦威士忌,原料中黑麦含量达到 59%,并且不掺水。

(8)Seagram's 7 Crown(施格兰王冠)。由施格兰公司于 1934 年首次推向市场的口味十足的美国黑麦威士忌。

5. 加拿大威士忌的主要品牌

加拿大威士忌主要品牌见图 4-34。

(1)Alberta(艾伯塔)。产自于加拿大 Alberta 艾伯塔州,分为 Premium(普瑞米姆)和 Springs(泉水)两个类型,酒度均为 40°。具有香醇、清爽的风味。

图 4-34 艾伯塔 Premium、皇冠、加拿大俱乐部经典 12 年

(2)Crown Royal(皇冠)。是加拿大威士忌的超级品，以酒厂名命名。由于 1936 年英国国王乔治六世在访问加拿大时饮用过这种酒，因此而得名，酒度为 40°。

(3)Seagram's V. O(施格兰特酿)。以酒厂名字命名。Seagram 原为一个家族，该家族热心于制作威士忌，后来成立酒厂并以施格兰命名。该酒以黑麦和玉米为原料，储存 6 年以上，经勾兑而成，酒度为 40°，口味清淡而且平稳顺畅。

此外，还有著名的 Canadian Club(加拿大俱乐部)、Velvet(韦勒维特)、Carrington(卡林顿)、Wiser's(怀瑟斯)、Canadian O. F. C(加拿大 O. F. C)等产品。

(五)威士忌的品鉴

1. 看色泽

当拿到一杯威士忌的时候，首先应该仔细观察酒的色泽。拿酒杯时应该拿住杯子的下方杯脚，而不能托着杯壁。因为手指的温度会让杯中的酒发生微妙的变化。在观察时可以在酒杯的后部衬一张白纸。酒的色泽和威士忌在橡木桶里存放时间的长短密切相关。一般来说，存放时间越长，威士忌的色泽就越深。

2. 看挂杯

其次看威士忌的挂杯。先把酒杯慢慢地倾斜，然后再恢复原状，就会发现，酒从杯壁流回去的时候，留下了一道道酒痕，这就是酒的挂杯。长挂杯就是酒痕流动的速度比较慢，短挂杯就是酒痕流动的速度比较快。挂杯长意味着酒更浓、更稠，也可能是酒精含量更高。

3. 闻香味

用一只手掌盖住杯口，另一只手摇晃杯子，以充分释放威士忌中的香味。然后，将鼻子探入杯中，用力而短促地嗅一至两下，感觉并分辨其中的味道。

4. 品尝酒

喝一小口威士忌，让它在口中转动，尽量接触舌头上的每一个味蕾，细细品味，然后缓缓咽下，回味它的味道，体会它是否醇厚、圆滑、甜度如何、有何香味、回味是否绵长。

四、金酒

金酒又名杜松子酒，是指以粮谷等为原料，经发酵、蒸馏制得食用酒基，加入杜松子配以芳香性植物，经科学工艺浸渍、蒸馏，馏出液分段截取，精心配制而成的低度蒸馏酒。金酒有许多称呼，香港、广州地区称为毡酒，台湾地区称琴酒。最先由荷兰生产，在英国大量生产后闻名于世，是世界第一大类的烈酒。

相关链接

金酒的起源

金酒是在 1660 年由荷兰的莱顿大学(University of Leyden)的教授西尔维斯(Doctor Sylvius)制造成功的。最初制造这种酒是为了帮助在东印度地域活动的荷兰商人、海员和移民预防热带症疾病，作为利尿、清热的药剂使用，不久人们发现这种利尿剂香气和谐、口味协调、醇和温雅、酒体洁净，具有净、爽的自然风格，很快就被作为正式的酒精饮料饮用。

(一)金酒的生产工艺及口味

金酒的生产方法大致有两种：第一种是蒸馏法，酒精用水稀释到酒度约为45%，加入香料，用它生产的金酒品质纯正；第二种是混合法，用金酒精与少量的普通酒精混合并加水稀释，用于生产价格低廉的金酒。金酒精是通过在小尺寸的蒸馏器中蒸馏混有少量酒精的植物配料或者香料渣而得到的。

在酿造金酒的过程中加入各种香料、草本植物、芳香果实等。金酒具有杜松子主体芳香，味甘爽柔和。由于各酒厂的配方不同，因此成品金酒的香气和口味也不一样。金酒是无色透明的液体，不用陈酿，但也有的厂家将原酒放到橡木桶中陈酿，从而使酒液略带金黄色。金酒的酒度一般在 35°～55°，酒度越高，其质量就越好。

(二)金酒的主要产地及品牌

金酒比较著名的产地有荷兰、英国和美国。

1. 荷式金酒

荷式金酒(Genever)产于荷兰，主要的产区集中在斯希丹(Schiedam)一带，是荷兰人的国酒。

荷式金酒，是以大麦芽与黑麦等为主要原料，配以杜松子酶为调香材料，经发酵后蒸馏三次获得的谷物原酒，然后加入杜松子香料再蒸馏，最后将蒸馏而得的酒，储存于玻璃槽，包装时再稀释装瓶。荷式金酒色泽透明清亮，酒香味突出，香料味浓重，辣中带甜，风格独特。无论是纯饮或加冰都很爽口，酒度为 52°左右。因香味过重，荷式金酒只适于纯饮，不宜作鸡尾酒的基酒，否则会破坏配料的平衡香味。

荷式金酒在装瓶前不可储存过久，以免杜松子氧化而使味道变苦，而装瓶后则可以长时间保存而不降低质量。荷式金酒常装在长形陶瓷瓶中出售。新酒叫 Jonge，陈酒叫 Oulde，老陈酒叫 Zeetoulde。比较著名的酒牌有：亨克斯（Henkes）（见图 4-35）、波尔斯（Bols）、波克马（Bokma）、邦斯马（Bomsma）、哈瑟坎坡（Hasekamp）。

图 4-35　亨克斯

2. 英式金酒

大约是在 17 世纪，威廉三世统治英国时，发动了一场大规模的宗教战争，参战的士兵将金酒由欧洲大陆带回英国。金酒的原料低廉，生产周期短，无须长期增陈储存，因此经济效益很高，不久就在英国流行起来。

英式金酒（London Dry Gin）的生产过程较荷式金酒简单，它用食用酒槽和杜松子及其他香料共同蒸馏而得干金酒。由于干金酒酒液无色透明，气味奇异清香，口感醇美爽适，既可单饮，又可与其他酒混合配制或作为鸡尾酒的基酒，所以深受世人的喜爱。英式金酒又称伦敦干金酒，属淡体金酒，意思是指不甜，不带原体味，口味与其他酒相比，比较淡雅。

英式金酒的商标有：Dry Gin、Extra Dry Gin、Very Dry Gin、London Dry Gin 和 English Dry Gin，这些都是英国上议院赋予金酒一定地位的标志。著名的酒牌有：英国卫兵（必富达）（Beefeater）、哥顿（Gordon's）（见图 4-36）、吉利蓓（Gilbey's）、仙蕾（Schenley）、坦求来（Tangueray）、伊丽莎白女王（Queen Elizabeth）、老女士（Old Lady's）、老汤姆（Old Tom）、上议院（House of Lords）、格利挪尔斯（Greenall's）、博德尔斯（Boodles）、博士（Booth's）、伯内茨（Burnett's）、普利莫斯（Plymouth）、沃克斯（Walker's）、怀瑟斯（Wiser's）、施格兰金酒（Seagram's）（见图 4-38）、孟买蓝宝石（Bombay Sapphire Dry Gin）（见图 4-37）等。

英式金酒也可以冰镇后纯饮。冰镇的方法有很多，例如，将酒瓶放入冰箱或冰桶，或在倒出的酒中加冰块，但大多数客人喜欢将其用于混饮（即做鸡尾酒的基酒）。

3. 美式金酒

美式金酒（American Gin）为淡金黄色，因为与其他金酒相比，它要在橡木桶中陈酿一段时间。美式金酒主要有蒸馏金酒（Distiled Gin）和混合金酒（Mixed Gin）两大类。通常情况下，美国的蒸馏金酒在瓶底部有"D"字母，这是美国蒸馏金酒的特殊标志。混合金酒是用食用酒精和杜松子简单混合而成的，很少用于单饮，多用于调制鸡尾酒。

图 4-36　哥顿　　　　　图 4-37　孟买蓝宝石　　　　　图 4-38　施格兰金酒

金酒的主要产地除荷兰、英国、美国以外还有德国、法国、比利时等国家。比较常见和有名的金酒有：德国的辛肯哈根（Schinkenhager）、西利西特（Schlichte）、多享卡特（Doornkaat）、比利时的布鲁克人（Bruggman）、菲利埃斯（Filliers）、弗兰斯（Fryns）、康坡（Kampe）、海特（Herte）、法国的克丽森（Claessens）、罗斯（Loos）、拉弗斯卡德（Lafoscade）。

五、伏特加

伏特加源于俄文的"生命之水"一词当中"水"的发音"Водка"，是指以谷物、薯类或糖蜜等为原料，经发酵、蒸馏制成食用酒精，再经过特殊工艺精制加工而成的蒸馏酒，起源于俄罗斯和波兰。伏特加除单独饮用外，也是调配鸡尾酒与软饮料的必备酒类。

相关链接

伏特加的来历

传说克里姆林宫楚多夫修道院的修士用黑麦、小麦、山泉水酿造出一种"消毒液"，一位修士偷喝了"消毒液"，从而使其在俄国广为流传，成为伏特加。但17世纪教会宣布伏特加为恶魔的发明，毁掉了与之有关的文件。1812年，展开了一场俄法大战，战争以白兰地酒瓶见底的法军败走于伏特加无尽的俄军而告终。第一次世界大战期间，沙皇垄断伏特加专卖权，布尔什维克号召工人不买伏特加。卫国战争期间，斯大林批准供给前线每人40°伏特加100 g。帝俄时代的1818年，宝狮伏特加（Pierre Smirnoff Fils）酒厂在莫斯科建成。1917年，十月革命后，它仍是一个家族企业。1930年，伏特加酒的配方被带到美国，在美国也建起了宝狮（Smirnoff）酒厂，所产酒的酒精度很高，在最后用一种特殊的木炭过滤，以求使伏特加酒味纯净。伏特加是俄国和波兰的国酒，是北欧寒冷国家十分流行的烈性饮料。

（一）伏特加的生产工艺和口感特色

伏特加的传统酿造法是首先以马铃薯或玉米、大麦、黑麦为原料，用精馏法蒸馏出酒度高达95％的酒精，再使酒精流经盛有大量木炭的容器，以吸附酒液中的杂质（每10L蒸馏液用1.5kg木炭连续过滤不得少于8min，40min后至少要换掉10％的木炭），使酒质更加晶莹澄澈，最后用蒸馏水稀释至酒度40％～50％而成的。伏特加无色且清淡爽口，使人感到不甜、不苦、不涩，只有烈焰般的刺激。在各种调制鸡尾酒的基

图4-39 蓝天伏特加

酒之中，伏特加是最具有灵活性、适应性和变通性的一种酒。伏特加不用陈酿即可出售、饮用，也有少量的如香型伏特加在稀释后还要经串香程序，使其具有芳香味道（见图4-39）。

（二）伏特加主产地

俄罗斯是生产伏特加的主要国家，但在德国、芬兰、波兰、美国、日本等国也都能酿制优质的伏特加。特别是在第二次世界大战开始时，由于俄罗斯制造伏特加的技术传到了美国，使美国也一跃成为生产伏特加的大国之一。

伏特加分两大类，一类是无色，无杂味的上等伏特加；另一类是加入各种香料的加香伏特加（Flavored Vodka）。

1. 俄罗斯伏特加

俄罗斯伏特加最初以大麦为原料，以后逐渐改用含淀粉的马铃薯和玉米，制造酒醪和蒸馏原酒并无特殊之处，只是过滤时将精馏而得的原酒，注入白桦活性炭过滤槽中，经缓慢的过滤程序，使精馏液与活性炭分子充分接触而净化，将所有原酒中所含的油类、酸类、醛类、酯类及其他微量元素除去，得到非常纯净的伏特加。俄罗斯伏特加酒液透明，除酒香外，几乎没有其他香味，口味凶烈，劲大冲鼻，火一般的刺激，其名品有：波士伏特加（Bolskaya）和苏联红牌（Stolichnaya）（见图4-40）、苏联绿牌（Moskovskaya）、柠檬那亚（Limonnaya）；斯大卡（Starka）、朱波罗夫卡（Zubrovka）、俄国卡亚（Kusskaya）、哥丽尔卡（Gorilka）。

图4-40 苏联红牌和苏联绿牌

2. 波兰伏特加

波兰伏特加的酿造工艺与俄罗斯伏特加相似，区别只是波兰人在酿造过程中，加入一些花卉、植物果实等调香原料，所以波兰伏特加比俄罗斯伏特加酒体丰富，更富韵味，名品有：兰牛（Blue Rison）、维波罗瓦红牌 38°（Wyborowa 38°）、维波罗瓦蓝牌 45°（Wyborowa 45°）、朱波罗卡（Zubrowka）。

3. 其他国家和地区的伏特加

除俄罗斯与波兰外，其他较著名的生产伏特加的国家和地区还有：

（1）英国。名品有哥萨克（Cossack）、夫拉地法特（Viadivat）、皇室伏特加（Imperial）、西尔弗拉多（Silverad）。

（2）美国。名品有宝狮伏特加（Smirnoff）、沙莫瓦（Samovar）、菲士曼伏特加（Fielshmann's Royal）。

（3）芬兰。名品有芬兰地亚（Finlandia）。

（4）法国。名品有卡林斯卡亚（Karinskaya）、弗劳斯卡亚（Voloskaya）、灰雁伏特加（Grey Goose Vodka）。

（5）加拿大。名品有西豪维特（Silhowltte）。

相关链接

中国的世界金牌顶级伏特加——波尔金卡（Bereginka Vodka）伏特加

由北京普瑞曼国际酒业有限公司生产的波尔金卡伏特加（见图 4-41）在 2009 年世界烈性酒大赛中夺得世界金奖。普瑞曼国际酒业结合传统酿制伏特加的经验，资深专家亲自酿制，从长于北方严寒地区坚实的谷物，到源自深井的洁净泉水，经八次蒸馏、十次过滤萃取而成。经国内外著名品酒专家鉴赏，运用八塔蒸馏工艺，酿制出的波尔金卡伏特加（烈性酒），口味纯正，酒质晶莹澄澈，无色且清淡爽口，微甜、不苦、不涩。酒中无杂质，口感纯净，可以以任何浓度与任何其他饮料混合饮用。

图 4-41　波尔金卡伏特加

六、朗姆酒

朗姆酒（Rum），是以甘蔗糖蜜为原料生产的一种蒸馏酒，也称为兰姆酒、蓝姆酒或老姆酒。原产地在古巴。

相关链接

朗姆酒的起源

据说甘蔗最早产于印度，阿拉伯人于公元前 600 年把热带甘蔗带到了欧洲。1502 年由哥伦布又带到了西印度群岛，这时人们才开始慢慢学会将生产蔗糖的副产品"糖渣"（也叫糖蜜）发酵蒸馏，制成一种酒，即朗姆酒。据最早的资料记载，1600 年由巴巴多斯岛（Barbados）首先酿制出朗姆酒。当时，在西印度群岛很快成为廉价的大众化烈性酒，当地人还把它作为兴奋剂、消毒剂和万灵药，它曾是海盗们以及现在的大英帝国海军不可缺少的壮威剂，可见其备受人们青睐。当时，在非洲的某些地方，以朗姆酒来兑换奴隶是很常见的。在美国的禁酒年代，朗姆酒发展成为鸡尾酒的基酒，充分显示了其和谐的魅力。

(一)朗姆酒的生产工艺

朗姆酒以甘蔗蜜糖为原料，经过发酵、蒸馏、陈酿而成。朗姆酒的发酵是选用特殊的生香酵母，加入产生抗酸的细菌共同发酵而成。将发酵液进行蒸馏，得到新酒，放入橡木桶中陈酿，使之具备特殊的香味和突出的风格。朗姆酒的酒精度为40°~55°。色泽多呈琥珀色或棕色，也有无色的。清亮透明，酒香和糖蜜香浓郁，味醇和、圆润，有甘蔗特有的香气和回味。

(二)朗姆酒的分类

根据风味特征，可将朗姆酒分为浓香型和轻香型。

1. 浓香型

首先将甘蔗糖澄清，再加入能产丁酸的细菌和产酒精的酵母菌，发酵 10 天以上，用壶式锅间歇蒸馏，得86%左右的无色原朗姆酒，在木桶中储存多年后勾兑成金黄色或淡棕色的成品酒。浓香型朗姆酒酒体较重，糖蜜香和酒香浓郁，味辛而醇厚，以牙买加朗姆酒为代表。

2. 轻香型

甘蔗糖只加酵母，发酵期短，塔式连续蒸馏，产出95%的原酒，储存勾兑，呈浅黄色到金黄色的成品酒，以古巴朗姆酒为代表。酒体较轻，风味成分含量较少，无丁酸气味，口味清淡，是多种著名鸡尾酒的基酒。

(三)朗姆酒的主要产区及著名品牌

1. 产区及特色

(1)波多黎各朗姆酒（Puerto Rico Rum），以其酒质轻而著称，有淡而香的特色。

(2)牙买加朗姆酒（Jamaica Rum），味浓而辣，呈黑褐色。

(3)维尔京群岛朗姆酒（VirginIsland Rum），质轻味淡，但比波多黎各产的朗姆酒更富糖蜜味。

（4）巴巴多斯朗姆酒（Barbados Rum），介于波多黎各味淡质轻和牙买加味浓而辣之间。

（5）圭亚那朗姆酒（Guyana Rum），比牙买加产的朗姆酒味醇，但颜色较淡，大部分销往美国。

（6）海地朗姆酒（Haiti Rum），口味很浓，但很柔和。

（7）巴达维亚朗姆酒（Batauia Rum），是爪哇出的淡而辣的朗姆酒，因为糖蜜的水质以及加了稻米发酵，所以有特殊的味道。

（8）夏威夷朗姆酒（Hawaii Rum），是世面上所能买到的酒质最轻、最柔以及最新制造的朗姆酒。

（9）新英格兰朗姆酒（New England Rum），酒质不淡不浓，用西印度群岛所产的糖蜜制造，适合调热饮。

图 4-42　百加得
朗姆酒

2. 朗姆酒的名品

朗姆酒的名品有：百家得（Bacardi）（见图 4-42）、摩根船长（Captain Morgan）（见图 4-43）、哈瓦那俱乐部（Havana Club）（见图 4-43）、海军罗姆（Lamb's Navy）、唐 Q（DonQ）、朗利可（Ronrico）、船长酿（Captain's Reserve）、老牙买加（Old Jamaica）、密叶斯（Myers's）、皇家高鲁巴（Coruba Royal）。

图 4-43　摩根船长和哈瓦那俱乐部

七、特基拉

特基拉为墨西哥的一个小镇，因产酒而闻名，特基拉（Tequila）又称龙舌兰酒，被称为墨西哥的灵魂。采用玛圭（Maguey）龙舌兰（见图 4-44）酿造蒸馏而成。玛圭龙舌兰是墨西哥特有的植物，生长在墨西哥中央高原北部的哈斯克州，它的产地主要集中在特基拉一带。

图 4-44　龙舌兰

(一)特基拉的生产工艺

特基拉采用龙舌兰为原料，工艺是将新鲜的龙舌兰割下后，浸泡 24 h 后榨汁，汁水加糖发酵两天至两天半，然后两次蒸馏，酒度达到 52°~53°，香气突出，口味浓烈，然后放入橡木桶中陈酿，以使色泽和口味都更加醇和，出厂时酒度一般 40°~50°。墨西哥人对特基拉情有独钟，常净饮，每当饮酒时，先在手背上倒些海盐来吸食，然后用腌渍过的辣椒干、柠檬干佐酒，恰似火上加油，美不胜言。特基拉常作鸡尾酒的基酒。

(二)特基拉的著名品牌

1. 凯尔弗特基拉

凯尔弗特基拉(Cuervo Tequila)白牌是在蒸馏后未经酒桶处理成熟的产品，口味清爽。金牌是储藏在白坚木桶成熟两年而成的，它和威士忌或白兰地一样，在酒中含有一种由木桶成熟所带来的特有风味。原料 100% 为龙舌兰，不加砂糖。

2. 特基拉索查

在墨西哥所卖出的龙舌兰酒中，几乎每三瓶就有一瓶是索查特基拉(Sauza Tequila)(见图 4-45)牌子的，销路之好可见一斑。该酒以龙舌兰及砂糖为原料，口感浓烈，劲道十足。

特基拉的著名品牌还有很多如：欧雷(Ole)、玛丽亚西(Mariachi)、特基拉安乔(Tequila Aneio)、斗牛士(EI Toro)、奥尔买加(Olmaca)、道梅科(Domeco)、海拉杜拉(Hemadura)等。

图 4-45　豪帅金快活特基拉和索查特基拉

综合实训

一、思考与练习

1. 名词解释

蒸馏酒　白兰地　金酒

2. 填空题

(1)写出法国干邑白兰地 V.S.O.P 四个缩写字母的全称，_____、_____、_____、_____。

(2)著名的威士忌产地包括_____、_____、_____、_____。

(3)朗姆酒主要由_____、_____、_____、_____等地区或国家生产。

(4)特基拉是由_____酿制而成，只产于_____。

(5)伏特加起源于_____和_____两个国家。

3. 选择题

(1)蒸馏酒精是由（　　）人发明的。

A. 阿拉伯　　　　　B. 中国　　　　　C. 波斯　　　　　D. 古埃及

(2)茅台白酒的香味是（　　）。

A. 米香纯正　　　　B. 酱香柔润　　　C. 清香纯正　　　D. 浓香干爽

(3)以下的（　　）是用小曲酿制的。

A. 茅台　　　　　　B. 泸州老窖　　　C. 桂林三花酒　　D. 双沟大曲

(4)"Cognac"中"XO"这一等级勾兑的最低酒龄应为（　　）年。

A. 5.5　　　　　　B. 6　　　　　　C. 6.5　　　　　D. 7

(5)（　　）威士忌的原材料应用特有的泥炭烘烤。

A. 美国　　　　　　B. 苏格兰　　　　C. 爱尔兰　　　　D. 加拿大

(6)干邑白兰地的特点为口味精细考究，清亮有光泽，酒体呈（　　）。

A. 红色　　　　　　B. 黄色　　　　　C. 无色　　　　　D. 琥珀色

(7)世界著名的"人头马"和"轩尼诗"酒产自（　　）。

A. 英国　　　　　　B. 苏格兰　　　　C. 爱尔兰　　　　D. 法国

(8)金酒的出现与高等院校及医生等有关，一般认为此酒最早出现于（　　）。

A. 英国　　　　　　B. 法国　　　　　C. 德国　　　　　D. 荷兰

4. 简答题

(1)简述中国白酒的分类、特点及其代表名酒。

(2)简述苏格兰威士忌的主要特点。

(3)荷式金酒有什么特点？

(4)说明法国干邑白兰地等级的表示方法。

二、实训

1. 茅台和五粮液品鉴与甄别

实训目的：使学生掌握茅台和五粮液识别的方法，初步具备茅台和五粮液品鉴的能力。

训练内容和要求：由教师展示茅台和五粮液，逐一介绍茅台和五粮液的包装、商标、口感、特色等，引导学生进行品鉴。

(1)茅台酒品鉴。

①品鉴茅台酒，有三式：一为抿，二为哑，三为呵。

抿，是将酒杯送到唇边，轻巧地、缓缓地呷一小口，在嘴里细细抿品。

哑，是轻哑嘴巴，在慢慢品评中将酒咽下，自然发出哑或嗒之声。

呵，是在哑的基础上迅速哈气，让酒气从鼻腔喷香而出。

②茅台酒真假甄别。

首先，要看商标识别：贵州茅台酒商标表面光滑、平整，字体颜色和图案清晰，而假冒产品则较为粗糙，选购时，请认准"贵州茅台酒股份有限公司出品"、"贵州茅台酒"字样。

其次，可以认喷码识别：喷码位于贵州茅台酒的瓶盖上，均由三行数字组成，第一行标明出厂日期，第二行标明出厂批次，第三行标明出厂不同批次计数序号。对此三行数据进行核对。其中出厂序号为5位数的，三行数据具有唯一性，真假一对便知，若出现三行数据均相同的两瓶酒，则其中必有一瓶是假酒。

再次，还可以认防伪标识识别：防伪标位于瓶盖上，采用了最先进的防伪技术。每箱贵州茅台酒均附有防伪识别器及操作说明，将识别器照射防伪标出现英文字母"MT"字样，更换酒瓶角度，字若隐若现，充满动感。

最后，可以拨打防伪电话识别：每瓶贵州茅台酒的包装上均有一条物流条形码，揭开条形码撕掉表层，可看见唯一的不可重复查询的16位数电话防伪码，拨打防伪电话按照语音提示操作，便可得到查询结果。买酒的时候只要认真观察以上几点，就可以买到货真价实、可以放心饮用的茅台酒了。

（2）五粮液鉴别。

五粮液标识中，大圆表示地球，着红色，而红色为产品色，表示产品定要覆盖全球市场；五根呈上升趋势，有动感的线会集到一点表示五种原料（粮食）升华成了五粮液，同时表示五粮液酒厂蒸蒸日上的态势；两个同心圆表示东西南北中的员工同心同德；中心小圆中的W表示五粮液和五粮液酒厂永远在员工心中。

①五粮液电码激光防伪标：电码防伪标采用一次性全息技术，随着观察角度的不同而产生红、黄、蓝三种颜色的交替变换，具有一定的立体层次感；电码防伪标有涂层区域可以刮开，内有22位数字的防伪码。

②PET聚酯盒防伪，内盖扯开后不可复原。

③瓶盖电码防伪标。

④瓶身商标采用德国"模内转移"技术。

2. 白兰地品鉴与饮用服务

实训目的：使学生能够正确选用杯具提供白兰地服务，掌握白兰地品鉴的方法和技巧，并能根据客人要求进行加冰、加水、净饮的服务。

训练内容与要求：教师准备白兰地杯、闻香杯等相关用具，借助各类白兰地酒瓶、酒签、橡木塞和图片等实物介绍各品牌白兰地的口味特点、包装、酒标等知识。指导学生进行白兰地的品鉴、级别辨识和白兰地最佳饮用服务。最后由教师调制一款以白兰地为基酒的鸡尾酒。

（1）选杯。

品尝或饮用白兰地的酒杯，最好是为杯口小、腹部宽大的矮脚酒杯或郁金香花形高脚杯。这种杯形，能使白兰地的芳香成分缓缓上升。

（2）品鉴：白兰地三步品鉴法。

小技巧：倒入杯中的白兰地以不超过杯身1/3为佳，以杯子横放、酒在杯腹中不溢出为宜，要让杯子留出足够的空间，使白兰地芳香在此萦绕不散。

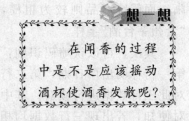

（3）饮用服务。

任务提示：白兰地饮用的方法可以分为二大类：一类是作为餐后酒不加任何配料的纯饮。纯饮可以从白兰地的色香味各方面去鉴赏，尤其是高级的陈年白兰地，如果另加入了软饮料或冰块就会破坏白兰地的陈年香。纯饮时，用手指夹住高脚杯，手掌轻轻并拢在杯身上，用手的温度慢慢加热杯中的白兰地。酒香徐徐飘逸出来，似真似幻，美妙无穷。白兰地杯口的收口设计有效地防止了香气的快速挥发。

另一类是白兰地掺兑矿泉水、冰块、茶水、果汁等的新品酒方式，勾兑后的白兰地既是夏天午后的消暑饮料，又是精美晚餐上的主要佐餐饮品。

白兰地常用的 5 种喝法：

①2/3 热咖啡＋1/3 白兰地（比较像爱尔兰咖啡的口味）。

②1/2 热糖水＋1/2 白兰地。

③2/3 热茶＋1/3 白兰地。

④加可乐。

⑤加 3 个冰块＋矿泉水＋缓缓倒入白兰地。

> **想一想**
>
> 在闻香的过程中是不是应该摇动酒杯使酒香发散呢？

> **想一想**
>
> 白兰地标签上的 XO 代表了该酒的（　　）。
>
> A. 年份　　B. 品质
>
> C. 价格　　D. 等级

3. 威士忌品鉴与饮用服务

实训目的：使学生能够选用正确杯具提供威士忌服务，认识不同型号的威士忌杯；掌握威士忌品鉴的基本方法；学会向客人推介不同产地和品牌的威士忌，并能根据客人要求提供加冰、加水、净饮服务。

训练内容与要求：教师准备各类威士忌酒瓶、酒标、橡木塞等，教师现场示范威士忌等级辨识技巧。指导学生进行威士忌饮用服务操作。最后由教师调制一款以威士忌为酒基的鸡尾酒。

> **想一想**
>
> 以下关于威士忌的说法是否正确？
>
> 苏格兰威士忌具有独特的果香味。
>
> 美国威士忌在生产原料中加入了玉米。
>
> 爱尔兰威士忌的口感是浓厚、油腻、绵柔。
>
> 加拿大威士忌是典型的清淡型威士忌。

（1）选杯。

饮用威士忌通常使用杯壁较厚、杯体矮，容量一般在 250 mL 的古典杯。

（2）品鉴。

（3）威士忌的饮用服务。

任务提示：威士忌常见的饮用方式有以下三种。

①纯饮。标准用量为 40 mL，放入老式杯，加冰或不加冰。在酒吧中，加冰称

为 On the rocks，不加冰称为 Straight neat。苏格兰人饮用威士忌不喜欢加冰，更喜欢品尝威士忌原有的辣味和麦芽香。

②与软饮料混合饮用。威士忌除纯饮外，通常与苏打水、矿泉水、干姜水等软饮料混合饮用。在酒吧中，通常选用海波杯和与之相匹配的夸夫杯。海波杯中放入三粒冰块，放入威士忌，夸夫杯中放入适量的软饮料。在客人面前，将软饮料加入海波杯中，直至客人满意，并配以搅捧以便客人搅拌饮料。

③调制鸡尾酒。威士忌是多种鸡尾酒的基酒。世界知名鸡尾酒像 Manhattan（曼哈顿）、Old-fashioned（古色生香）、Whiskey sour（威士忌酸）、Millionaire（百万富翁）等，都是以威士忌为基酒的鸡尾酒。

4. 金酒饮用服务

实训目的：使学生熟悉世界著名金酒的生产国及常见品牌；能够选用正确杯具提供金酒服务；能根据客人要求提供加冰、净饮及混配软饮的服务（如金汤力等）。

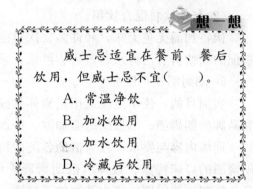

想一想

威士忌适宜在餐前、餐后饮用，但威士忌不宜（ ）。

A. 常温净饮

B. 加冰饮用

C. 加水饮用

D. 冷藏后饮用

训练内容与要求：教师借助各类金酒酒瓶、酒签、橡木塞和图片等实物，示范金酒等级辨识技巧，介绍金酒最佳饮用方法，指导学生进行金酒饮用服务。最后以金酒为基酒调制一款鸡尾酒。

（1）选杯。

金酒净饮时常使用利口杯或古典杯。

（2）饮用服务。

任务提示：荷式金酒主要用于餐前或餐后单饮，伦敦干金酒既可冰镇纯饮，也被广泛用于调制鸡尾酒的基酒。冰镇的方法有很多，例如，将酒瓶放入冰箱或冰桶，或在倒出的酒中加冰块，但大多数客人喜欢将其用于混饮。

①纯饮。在酒吧中，每份金酒的标准分量是 25 mL。荷式金酒有一种传统的饮用方法，在西印度群岛，饮用荷式金酒时，用苦精（Bitters）洗杯，然后量取一份金酒，大口快饮。而英式干金酒经常在老式杯中放入几粒冰块和一片柠檬，再量取一份金酒斟倒于杯中。

②混合饮用。在酒吧中，金酒最常见的饮用方法是和汤力水（Tonic Water）、雪碧（Sprite）、可乐（Coke）等软饮料混合饮用。取出一只海波杯和一只夸夫杯，在海波杯中放两三粒冰块和一片柠檬，然后斟入盎司的金酒，加一支搅拌捧，夸夫杯中盛放 6 OZ 的软饮料，在客人面前操作，直到客人满意为止。

5. 伏特加饮用服务

实训目的：使学生熟悉世界著名伏特加生产国及常见品牌；能够选用正确的杯具提供伏特加服务；通过训练，使学生能根据客人要求提供加冰、净饮及混配软饮的服务。

训练内容与要求：教师借助各类伏特加酒瓶、酒签、橡木塞、图片等实物，介绍范伏特加等级辨识技巧，指导学生进行伏特加饮用服务训练，说明最佳饮用方法。调制一款以伏特加为酒基的鸡尾酒。

任务提示：可选用利口杯净饮或古典杯加冰块及净饮用，作为佐餐酒或餐后酒。

（1）纯饮。

短杯（快饮）是其主要的饮用方式。酒吧中，每份伏特加酒的标准用量是40 mL。饮用前，应在冰箱中冷藏，才能显出伏特加酒的特有风味，将冰冻的伏特加一口饮下，起初只会感到一阵冷，但不足数秒，喉头便会感到一阵滚烫，让饮用者在瞬间体会冷暖人生。有的客人还喜欢加冰饮用。

（2）与软饮料混合饮用。

伏特加酒无色无味，和许多软饮料混合，可以增强原有软饮料的口感。比较常搭配的软饮料有汤力水、雪碧、可乐、果汁等。

6. 朗姆酒饮用服务

实训目的：使学生能选用正确杯具提供朗姆酒服务；学会向客人推介不同产地和品牌的朗姆酒；掌握朗姆酒加冰、净饮及混配软饮的服务方法。

训练内容与要求：教师借助各类朗姆酒酒瓶、酒签、橡木塞、图片等实物介绍朗姆酒的口味特点。教师示范朗姆酒等级辨识技巧，指导学生进行朗姆酒饮用服务。调制一款以朗姆酒为基酒的鸡尾酒。

任务提示：朗姆酒净饮。

朗姆酒作为基酒与可乐、雪碧等软饮料混合饮用。

与其他酒类调制成鸡尾酒。

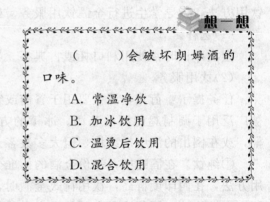

想一想

（　　　　）会破坏朗姆酒的口味。

A. 常温净饮

B. 加冰饮用

C. 温烫后饮用

D. 混合饮用

7. 特基拉饮用服务

实训目的：使学生能够正确选用杯具提供特基拉服务，掌握特基拉饮用的基本方式；能够辨识不同品牌的特基拉。

实训内容与要求：教师借助各类特基拉酒瓶、酒签、橡木塞、图片等实物介绍特基拉的口味特点。教师示特基拉等级辨识技巧和最佳饮用方法。以特基拉为酒基调制一款鸡尾酒。

任务提示：尝试墨西哥传统饮用方法。

特基拉冰镇后纯饮，或加冰块饮用。

特基拉也常作为鸡尾酒的基酒。

8. 情境模拟练习

实训目的：使学生掌握蒸馏酒的分类及其主要产地、品牌和特点，能够根据客人的要求提供蒸馏酒饮用服务。

实训内容与要求：将学生分为 7～8 人一组，教师分配任务，模拟酒吧服务过程，从客人进入酒吧点酒，服务员介绍各类蒸馏酒的产地、品牌、生产原料、制造工艺、口味特色，到服务员引导客人完成酒水品鉴。

项目五

配 制 酒

项目介绍

由于配制酒是酒品的第二次加工，因此它在气味、味道、颜色、甜度、稠度、酒精度及对人们身体健康的功能等方面比发酵酒和蒸馏酒更有特色。本项目将详细介绍开胃酒、利口酒、甜食酒，以及中国露酒、药酒的特点、生产原料、主要产地和著名品牌等相关知识，并指导学生进行配制酒饮用服务。

配制酒（Assembled Alcoholic Drinks）是以各种酿造酒、蒸馏酒或食用酒精为基酒，加入一定数量的水果、香精、药材等，经浸泡、储存、陈酿后以过滤或复馏的方法制成的酒精饮料。不同品种的配制酒，其特点也不同。配制酒以法国，意大利和荷兰产的最著名。

任务一 中国配制酒

**任务描述**

本任务主要介绍中国产配制酒，包括露酒和药酒两大类，介绍近年来中国酒类市场上常见的品牌、种类，并学习相关的服务技术。

相关链接

我国配制酒的起源与发展

宋代以前，配制酒是以黄酒为酒基将药材煎汁和糯米一起酿制，或者把药材粉碎捣烂和糯米一起酿制成各种配制酒。

元代，我国酿酒技术臻于成熟，蒸馏酒已经大规模的生产。蒸馏酒的出现为生产配制酒创造了有利条件。

1578年，明代李时珍著的《本草纲目》中，收入了69种之多。

19世纪，我国现代化葡萄酒工业兴起，以葡萄酒为酒基的配制酒开始发展起来。

一、中国配制酒的定义与分类

配制酒，是以黄酒、葡萄酒、果酒、白酒和食用酒精酒基，采用浸泡、掺兑等方法加入香草、香料、果皮、中药配制加工而成的饮料酒。

由于配制酒的生产过程相对简单，周期短，成本低，不受原料限制，因此产地很广。

配制酒根据加入的原料不同，可分为露酒和药酒两类。

露酒是以食用酒精为原料，加香料、糖料、色素等制成的具有水果风味的酒。

药酒是用白酒、葡萄酒或黄酒为酒基，再配以中药材、糖料等制成的酒。酒度一般在20°～40°。

二、中国配制酒名品介绍

(一)露酒

1. 竹叶青酒

竹叶青酒，如图5-1所示，产于山西省汾阳杏花村汾酒股份有限公司，酒度为45°，含糖度10％左右，已有1 000多年的历史。我国古代的竹叶青酒只用竹叶泡制，1914年改用以汾酒为主要原料，配上竹叶、广木香、当归、砂仁、陈皮、公丁香、檀香等十多种中药材，用汾酒加冰糖浸泡调配制成。该酒色泽金黄兼翠绿，酒液清澈透明，芳香浓郁，有除烦和消食的功能。竹叶青酒对于心脏病、高血压、冠心病和关节炎等疾病也有明显的医疗效果，少饮有益身体健康。

图5-1　38°国宝竹叶青

2. 五加皮酒

该酒产于广东省广州市制酒厂。酒度40°，含糖度6％左右。它是以五加皮为原料，加入当归、砂仁、豆蔻、丁香等30多种中药材，经过加工配制而成。酒色呈褐红色，清澈透明，具有多种药材综合的芳香，入口酒味浓郁，调和醇滑，风味独特。

3. 莲花白酒

该酒产于北京葡萄酒厂，被评为国家名酒和"酒中之冠"。酒度 50°，含糖量 8％。此酒以优质高粱酒为酒基，加入五加皮、广木香、川芎、黄芪、当归、肉豆蔻、砂仁、首乌、丁香等 20 多种中药材调制而成。酒液清澈透明如水晶，药香酒香协调，口感醇厚甜润，柔和不烈，回味深长。

4. 郁金香酒

该酒产于山东兰陵美酒厂。"兰陵美酒郁金香，玉碗盛来琥珀光。"兰陵郁金香（见图 5-2）酒色呈琥珀光泽，晶莹明澈；保有原料的天然混合香气，浓郁袭人；酒质纯正甘洌；口味醇厚绵软，自古至今以黍米为原料进行酿造，大曲酒作水，再加玉米、糯米、红枣、冰糖、郁金、龙眼肉、鲜玫瑰等材料来重酿。酒度 39°，含有人体必需的 17 种氨基酸、6 种维生素、11 种微量元素，是一种具有养血补肾、舒筋健脑、益寿强身功能的滋补酒。

图 5-2　兰陵郁金香

（二）药酒

1. 鸿茅药酒

如图 5-3 所示，该酒始创于清乾隆四年（1739 年），酒度为 36°～38°。其突出之处在于独特的 67 味中药组方，是中国用药最多的大复方酒剂之一，具有祛风除湿、补气通络、舒筋活血、健脾温肾的功效，对风寒湿痹、筋骨疼痛、脾胃虚寒、肾亏腰酸及妇女气虚血亏等病症功效颇佳。

2. 参茸三鞭酒

该酒产自吉林省长春市春城酿酒厂。酒度 38°，用我国稀有特产梅花鹿鞭、海狗鞭、广狗鞭为主要原料，配以人参、鹿茸等各种名贵药材，用多年陈酿的高粱酒为酒基，经特殊兑制方法精工制成。含有多种维生

图 5-3　鸿茅药酒

素、无机盐、氨基酸、蛋白质等营养成分，具有壮阳补肾、健脑安神、补血强心等功效。

3. 田七补酒

该酒产自广西梧州市龙山酒厂。酒度 38°，是以广西特产田七为主要原料，用科学方法提炼田七，并配有北芪、党参、枸杞、桂圆等十多种名贵药材，选用纯正米酒经一年浸泡而成。色泽呈棕色透明、酒质香醇、药味协调。它除补血补气、活血通经功效外，还有促进新陈代谢、消除疲劳、增进健康等作用。

4. 劲酒

劲酒，如图5-4所示，以优质白酒为酒基，配以山药、枸杞子、淫羊霍、黄芪、当归等中药材酿制而成。酒度35°，色泽艳丽，口感甜润。劲酒中蕴涵多种皂苷类、黄酮类、活性多糖等功能因子，以及多种氨基酸、有机酸和人体所需的微量元素等营养成分，具有补肾、抗疲劳、增强机体免疫力的保健功能。

图 5-4　中国劲酒

> **想一想**
>
> 保健酒和药酒有什么区别呢？

相关链接

　　桂花陈酒：北京葡萄酒厂酿制的桂花陈酒，品质优良、风格独特，是一种高级无药料的滋补饮料酒。色泽金黄、晶莹明澈，有鲜美的桂花清香和葡萄酒的醇香。美、英、法等国家的女士饮此酒后，称它为"妇女幸福酒"；日本、泰国和我国港澳地区的酒客，称它为"贵妃酒"。桂花陈酒，原名"桂花东酒"，在中国已有三千多年的酿造历史，但这种酒一直"栖身"于深宫禁苑，后来，酿制此酒的技艺失传。

　　试一试：在市场上试着找出几种中国配制酒的品牌。

任务二　外国配制酒

任务描述

　　外国配制酒品种繁多，风格各有不同，主要分为三大类：开胃酒、餐后甜酒、利口酒。本任务将介绍这三类配制酒的分类和主要品牌的特色、产地、饮用等知识，使大家掌握配制酒的服务方法和技巧，为学习鸡尾酒调制奠定基础。

相关链接

　　配制酒是一个比较复杂的酒品系统。它的诞生晚于其他单一酒品，但它的发展却相当迅速。配制酒主要有两种配制工艺：一种是在酒与酒之间进行勾兑，像雪利酒、波特酒等；另一种是以酒和非酒精物质包括固体、液体和气体之间的配制，像各种味美思、利口酒等。配制酒以酒做酒基，可以用发酵酒，也可以用蒸馏酒进行配制。一部分开胃酒和甜食酒，以葡萄酒等发酵酒为酒基；另一部分开胃酒和利口酒以白兰地威士忌或中性酒精为酒基。生产配制酒的国家多集中于西欧，其中，法国、意大利、希腊、德国、英国、瑞士等国最为有名。

一、开胃酒

(一)开胃酒的含义

顾名思义，开胃酒(Aperitif)的作用是于餐前饮用能增加食欲。开胃酒的品种很多，像香槟酒、金酒、威士忌、干白葡萄酒以及各种具有开胃功能的鸡尾酒。现代的开胃酒大多是调配酒，以葡萄酒和某些蒸馏酒为酒基的配制酒。像味美思、比特酒、茴香酒。

(二)开胃酒的分类及名品

1. 味美思

味美思(Vermouth)是以葡萄酒为基酒，加入植物、药材等物质浸制而成的。

(1)酿造工艺。

味美思以干白葡萄酒作酒基，添加了像苦艾、大茴香、金鸡纳霜、豆蔻、生姜、芦花、桂皮、丁香、苦橘、百里香等各种各样的配制香料。再经过多次过滤和热处理、冷处理，经过半年左右的储存等工序。酒度在18°左右。最好的产品是意大利的甜味美思和法国的干味美思。

(2)味美思的分类。

①按品种分类。

干味美思(Vermouth Dry or Secco)。干味美思酒中的含糖量不超过4%，酒精度在18°左右。根据生产国家的不同，颜色也有差异。意大利的干味味美思呈淡白、淡黄色；法国的味美思呈草黄或棕黄色。

白味美思(Vermouth Blanc or Bianco)。白味美思色泽微黄，香气浓，口味鲜美。含糖量在10%～15%，酒精度为18°左右。

红味美思(Vermouth Rouge or Rosso)。红味美思含糖量15%左右，酒精度为18°左右，色泽黄中透红，香气浓郁，口味稍甜。

都灵味美思(Vermouth de Turin or Torino)。都灵味美思酒精度为16°左右，调制用的香料较多，香气浓烈扑鼻，有桂香味美思、金香味美思、苦味味美思等。

②按生产国家分类。

意大利味美思(Vermouth Italian)：意大利的味美思以苦艾为主要调香原料，具有苦艾的特有芳香，香气强，稍带苦味。著名品牌有：Martini(马天尼)和Cinzano(仙山露)、Gancia(干霞)、Carpano(卡帕诺)、Riccadonna(利开多纳)。

法国味美思(Vermouth Francais)：法国型的味美思苦味突出，更具有刺激性，以干味美思质量最优。干味美思涩而不甜，口味清爽。著名的品牌有：Chambery(香百丽)、Duval(杜瓦尔)、Noilly Part(诺瓦利·普拉)。

相关链接

中国味美思：中国的味美思是在国际流行的调香原料以外，又配入我国特有的名贵中药，工艺精细，色、香、味完整。中国味美思是最早在张裕公司开始生产。早在1915年巴拿马评酒会上，张裕味美思(见图5-5)名声大振，获得了优质金奖。除张裕味美思以外，北京葡萄酒厂的桂花陈用上等的陈酿葡萄酒为酒基，选取苏杭地区金桂为配制香料精制而成，酒色金黄，酒味醇香，是中华鸡尾酒中广泛采用的中国味美思。

图5-5　张裕味美思

2. 比特酒

比特酒(Bitters)也称苦酒或必打士，是用葡萄酒或某些蒸馏酒加入植物根茎和药材配制而成。酒精含量在18°～45°，味道苦涩。

(1)比特酒的分类。

比特酒种类繁多，有清香型，也有浓香型；有淡色，也有深色。但不管是哪种比特酒，苦味和药味是它们的共同特征。用于配制比特酒的调料主要是带苦味的花卉和植物的茎根与表皮。如阿尔卑斯草、龙胆皮、苦橘皮、柠檬皮等。著名的比特酒主要产自意大利、法国、特拉尼达、荷兰、英国、德国、美国、匈牙利等国。

(2)比特酒的著名品牌。

①金巴利(Campari)。金巴利(见图5-6)产于意大利的米兰，是由橘皮和其他草药配制而成，酒液呈棕红色，药味浓郁，口感微苦。苦味来自于金鸡纳霜，酒度26°。金巴利是酒吧中必备的酒品，有多种饮用方法。其中金巴利加橙汁、金巴利加苏打水最为流行。

②杜本纳(Dubonnet)。杜本纳(见图5-7)产于法国巴黎。以白葡萄酒、金鸡纳霜树皮及其他草药为原料配制而成，酒精含量16%，通常呈暗红色，药香明显，苦中带甜。有红白两种，以红色最为著名。美国也有杜本纳的生产。杜本纳无论纯饮加冰，或兑金酒均是上等饮品。

图 5-6　金巴利　　　　图 5-7　杜本纳　　　　图 5-8　西娜尔

③西娜尔(Cynar)。西娜尔(见图 5-8)产自意大利,它是用蓟和其他香草配制而成,呈琥珀色,蓟味浓,微苦,酒度 17°,加冰或苏打水饮用。

④安哥斯特拉(Angostura)。安哥斯特拉产于特拉尼达,以朗姆酒为酒基,以龙胆草为主要原料配制而成,酒色褐红,药香悦人,口味微苦但十分爽适,酒度 44°。起初是作为退热药酒,后来用作鸡尾酒的辅料,以丰富鸡尾酒的口味。另外,该酒可以作为解醉药酒,能减轻醉酒症状。

⑤菲奈特·布兰卡(Fernet Branca)。菲奈特·布兰卡产自意大利的米兰,酒度 40°。是由多种草木、根茎植物为原料调配而成,味很苦,号称"苦酒之王"。但药用功效显著,尤其适用于醒酒和健胃。

⑥亚玛·匹康(Amer Picon)。亚玛·匹康(苦·彼功)产于法国,它的配制原料主要有金鸡纳霜、橘皮和龙胆根等其他多种草药。酒液酷似糖浆,以苦著称。饮用时只用少许,再掺和其他饮料共进,酒度 21°。

3. 茴香开胃酒

茴香酒(Anises)是由茴香油与蒸馏酒或食用酒精配制而成,加入大茴香、白芷根、苦扁桃、柠檬皮、胡荽等制作而成。茴香油中含有较多的苦艾素。浓度为 45% 的酒精可溶解茴香油。茴香油通常自八角茴香或青茴香中提取,八角茴香油多用作配制开胃酒,而青茴香油则多用于配制利口酒。茴香酒由于含有苦艾素,在许多国家一度遭禁。目前世界上著名的茴香酒,有含或不含苦艾素之分。

茴香酒以法国的最为著名,有无色和染色之分,酒液视品种的不同呈现不同的颜色。一般颜色都比较鲜丽。茴香酒味很浓,刺激性强烈。酒度在 25°左右。

(1)力加(Ricard)。力加(里卡德)茴香酒是法国马赛生产的,全球销量第一的开胃酒。酒精含量为 45%，酒液视品种而呈不同色泽。茴香味浓厚，味重而有刺激(见图 5-9)。

（2）潘诺（Pernod）。潘诺（培诺）茴香酒产于法国，酒精含量为 40%，含糖量为 10%。使用了茴香等 15 种药材，呈浅青色，半透明状，具有浓烈的茴香味，饮用时加冰加水呈乳白色。

此外还有卡萨尼（Casanis）、加诺（Janot）、卡尼尔（Granier）、巴斯的士（Pastis）、白羊倌（Berger Blanc）等品牌。

图 5-9　力加

想一想

1. 判断

（1）味美思是以葡萄酒为基酒，加上多种植物的根茎、花朵等配制而成的。（　　）

（2）Vemouth 是一种鸡尾酒的辅料，产于意大利。（　　）

2. 选择

（1）餐前的开胃饮料应该选择（　　）。

A. 甜味低酒度　　　　　　　　B. 甜味高酒度

C. 含蛋奶成分的鸡尾酒　　　　D. 干味饮料

（2）Vermouth 商标上的"Bianco"代表（　　）。

A. 半　　　　B. 优质　　　　C. 产地　　　　D. 白色

（3）味美思商标上的"Rosso"代表（　　）。

A. 玫瑰红　　　　B. 高级品　　　　C. 红色　　　　D. 厂址

二、甜食酒

(一)甜食酒的含义

甜食酒（Dessert Wine），又称餐后甜酒，是正餐后甜品上桌时的配餐酒。通常以葡萄酒作为酒基，加入食用酒精或白兰地以增加酒精含量，故又称为加强葡萄酒，口味较甜。常见的有波特酒、雪利酒、玛德拉酒等。甜食酒 17%~21% 的高酒精含量使其酒质比一般葡萄酒稳定，更能适应不同的储存环境，搬运时也无须特别的照顾。

(二)甜食酒分类及品牌

常见的甜食酒有原产地在西班牙的雪利酒，原产于葡萄牙的波特酒，原产于大西洋马德拉群岛的马德拉酒以及产于意大利西西里岛的马萨拉酒。

1. 雪利酒

（1）雪利酒概述。雪利酒（Sherry）是最常见的甜食酒，雪利酒原产于西班牙的安达鲁西西省(Auda Luuia)，是世界独产雪利酒的地方，有90％的雪利酒用巴洛米诺葡萄为原料制成，这种葡萄含有丰富的天然糖分，使酿出的酒又黑又稠又甜。

雪利酒的酿制更有别于一般的葡萄酒。雪利酒的酿造，是要将它装在橡木桶中，暴晒在艳阳之下。三个月后，收起来冷冻储存。由于处理方法不同，致使葡萄糖的变化也相异于其他葡萄酒，因此雪利酒有一种特殊的风味。同时雪利酒采用的"陈酒培育新酒"方法也使雪利酒能够保持一贯良好的品质。

相关链接

雪利酒的历史

　　雪利酒堪称"世界上最古老的上等葡萄酒"。大约基督纪元前1100年，腓尼基商人在西班牙的西海岸建立了加迪斯港，往内陆延伸又建立了一个名为赫雷斯(Jerez)的城市，并在雪利地区的山丘上种植了葡萄树。雪利酒的名称通常被认为来源于阿拉伯语对这个城市的称呼。

　　1587年，英国海军突袭了加迪斯港，抢走了大约1 450万L雪利酒。作为当时的海上霸主，西班牙全国震恐不已。1588年5月，西班牙国王腓力二世派出人类历史上空前庞大的"无敌舰队"，同时又在欧洲大陆集结了一支精锐部队，扬言要水陆并进，彻底征服英国。

　　这场战争以西班牙的彻底惨败而告终，英国一举取代西班牙成为世界上新的海上霸主。最让人意想不到的是，西班牙的"无敌舰队"虽然永远地沉到了海底，但是西班牙的雪利酒却代替"无敌舰队"完成了征服的重任。雪利酒一战扬名，成为当时英国上流社会聚会时必不可少的美酒，成为高尚消费的象征，并随着英国世界霸权的扩张传遍全球。

　　1967年，英国法律规定，只有西班牙赫雷斯镇地区生产的葡萄酒才有权称为"sherry"，所有其他地区或国家生产的，风格类似的雪利酒，都必须冠上原产地名称，如南非雪利酒应写成South African Sherry。

　　(2)雪利酒的分类及品牌。依甜度可将雪利酒分为以下几类。

　　①菲诺(Fino)—干型。采用巴洛米诺葡萄品种制造，呈淡麦黄色，带有清淡的香辣味。口味甘洌，新鲜爽口。酒精度约为17°。菲诺类雪利酒可以在喝汤时饮用，也可以用作开胃酒，常冰镇饮用。

　　②曼赞尼拉(Manznilla)—干型。它是一种陈酿的菲诺。该酒颜色发红、透亮，香气温馨醇美；口感清爽，略带辣味，常伴有苦杏仁味的余香。酒精度在16°左右。

　　③阿蒙提拉多(Amontillado)—干型。它是用途最广，销量最大的一个品种，是菲诺进一步成熟的酒，呈琥珀色，带有类似杏仁的香味，口味甘洌清爽，有半干和干型两种。酒精度为17°左右。

④奥罗露索(Oloroso)—甜型。素有"芳香雪莉酒"的美称，具醇厚浓郁的独特香味，有甜味和略甜两种，酒精度数18°～20°。浓甜的 Cream 型雪利即是以此酒为底调制而成。酒液呈棕红色，香气浓郁，具有典型的核桃仁香味，口味浓烈甘甜，酒体丰富圆润。此酒常用来代替点心，或在喝咖啡前后饮用，还有人把它当做晨间的兴奋剂。常见的奥罗露索雪利酒有以下几种。

巴罗·高大多(Palo Cortado)，如图 5-10 所示，是雪利酒中的珍品，市场上很少供应。它的风格很像菲诺，但属于奥罗露索一类，人称"具有菲诺酒香的奥罗露索"。酒色深金黄，大部分陈酿 20 年后上市。

阿莫露索(Amoroso)，又称"爱情酒"，该酒是用奥罗露索甜酒勾兑而成的甜雪利酒。它的颜色呈深红色，色泽丰富，有的近于棕红，香气浓郁，酒体圆正甜润，是用添加剂配制而成的。

⑤乳酒型雪利酒(Cream sherry)—甜型。以晒干的 PX(Perdo Ximenez)葡萄发酵酿制而成浓黑雪利酒。若将 PX 雪利酒和 Oloroso 雪利酒混合，酿出的酒就称为 Cream Sherry。酒色深红，香气浓郁，口味甜润，常用于代替波特酒在餐后饮用。

著名品牌有桑德曼(Sandeman)(见图 5-11)、哈维丝(Harvery's)、克罗夫特(Croft)等。

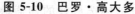

图 5-10　巴罗·高大多　　　　　图 5-11　桑德曼

2. 波特酒(Porto)

(1)波特酒概述。波特酒(Porto)，葡萄牙产的加强葡萄酒，用葡萄酒和白兰地兑和而成。波特最早的名字叫 Port，由于此名字被其他产酒国使用，近年来，葡萄牙酒商已经使用 Porto 或者 Oporto 来命名这类酒，而且只有葡萄牙多罗河地区出产的这种加强葡萄酒才可以使用 Porto 的名字，其他国家和地区不得使用。

波特酒的制法是：先将葡萄捣烂，发酵，等糖分在10%左右时，要添加酒精和白兰地，这时酒精含量可达17%～22%，因为酵母在高酒度(超过15°)条件下就会被杀死，因此波特酒中葡萄汁没等发酵充分就停止了发酵，所以波特酒都是甜的。发酵后的新酒装入橡木桶后陈酿 2～10 年，年限越长，酒的颜色越淡，最后按配方勾兑成不同的波特酒。

波特酒酒味浓郁芬芳，酒香和果香兼有，在世界上享有很高的声誉。波特酒以陈化时间长为佳，通常在商标纸上标有陈化年份。

（2）波特酒的分类及品牌。

①白波特酒（White Port）。如图5-12所示，由白葡萄酿制，酒色越浅，口感越干的酒，品质越好。一般是作为开胃酒餐前饮用。

②红宝石波特酒（Ruby Port）。一般在桶中陈酿3～4年后装瓶，色泽红艳如宝石。中等程度成熟，有果香和甜味。在配制过程中用陈年葡萄酒和新葡萄酒，并非使用单一品种的葡萄酒。常在正餐后佐食甜品。

图5-12　白波特　　　　　　图5-13　茶色波特

③茶色波特酒（Tawny Port）。如图5-13所示，它是一种高级酒，比红宝石波特存放在木桶里的时间要长。是以质量相同者进行混合，放入桶中成熟而得到的酒，在酒标上会注明用于混合的各种酒的平均酒龄。该酒醇厚浓重，香气悦人，一般有好闻的坚果香味。适合于做餐后甜点酒。

④年份波特酒（Vintage Port）。这是最好最受欢迎的波特酒，只在最好的年份才酿制，一般是每三年会有那么一次，而且也是挑选最好的葡萄酿造而成的。年份波特需要先经过两年的木桶陈酿，装瓶后继续陈酿，好的酒需要数十年的瓶陈才能成熟。这种酒通常在标签上标明其酿酒的年份，是独具特色的葡萄酒。该酒酒精含量高达21%，色泽深红，酒质细腻，口味甘醇，果香、酒香协调。由于这类酒是瓶陈所以酒渣很多，喝的时候需要换瓶。其中1983年，1977年，1970年，1948年的产品深受好评。

⑤陈年波特酒（Crusted Port）。又被称为酒渣波特酒，该酒最大的特点是在酒瓶中有沉淀物。它是由若干种优质葡萄酒混合配制而成的。原酒经过4～5年储存后再进行装瓶，将瓶放于木架上成熟。该酒外观上呈深红色，酒香丰富，接近年份波特酒的品质。波特酒主要是作为正餐后甜品上桌时的配餐酒。如果吃布丁或蛋糕时，饮用陈年波特酒是一种很好的享受。

市场上常见的波特酒品牌有：

考克本（Cockburn）（见图 5-14）、克罗夫特（Croft）、道斯（Dow's）、丰塞卡（Fonseca）、西法尔（Silva）、桑德曼（Sandeman）、沃尔（Warr）、泰勒（Tayloy's)等。

图 5-14　考克本 1960

3. 玛德拉酒

（1）玛德拉酒概述。玛德拉酒（Madeira），出产于大西洋上的玛德拉岛，该岛长期以来为西班牙所占领。玛德拉葡萄酒多为棕红色，但也有干白葡萄酒。玛德拉酒是上好的开胃酒，也是世界上屈指可数的优质甜食酒。马德拉酒虽然产量不大，但酿造周期最长，也是世界上寿命最长的一种酒品。酒精度为 17°左右。干型的马德拉酒冰冻后作饭前开胃酒；甜熟的马德拉酒常用作烹饪、调味或餐后酒。

（2）玛德拉酒的分类及品牌。马德拉酒依照商标的知名度来判断其质量，可以分为四个大类：舍赛尔、弗德罗、布阿尔和玛尔姆赛。前两类多用作开胃酒和佐汤，后两类是很好的甜食酒。

①舍赛尔（Sercial）。舍赛尔属干型，呈金黄色或淡黄色，色泽艳丽，香气芬芳，人称"香魂"。口味醇厚纯正，常作西餐烹饪的调料酒。

②弗德罗（Verdelho）。弗德罗属于半干型，味比舍赛尔稍甜，酒色金黄，口味甘冽。

③布阿尔（Bual）。布阿尔（见图 5-15）属于半干型，色泽呈栗色或棕黄色，香气强烈有个性，最适合作甜食酒。

图 5-15　布阿尔 1948

图 5-16　烧乐腊 1940

图 5-17　玛萨拉酒

④玛尔姆赛(Malmsey)。玛尔姆赛是甜食型酒,是玛德拉酒家族中享誉最高的酒。该酒呈褐黄或棕黄色,香气悦人,口感极佳,甜适润爽,比其他同类酒更醇厚浓重,风格和酒体给人一种豪华的感受。

马德拉酒中还有值得一提的酒品,如甘露(Rainwater)、南方(South side)、烧乐腊(Solera)(见图5-16)等。其中烧乐腊一直被人们视为世界上最好的一种酒,平均酒龄80多年,是一种长寿酒。

常见的马德拉酒的品牌有:鲍尔日(Borges)、巴贝图王冠(Crown Barbeito)、利高克(Leacock)、法兰加(Franca)、马德拉酒(Madeira Wine)等。

4. 玛萨拉酒

玛萨拉酒(Marsala)(见图5-17),产于意大利西西里岛西北部的玛萨拉带。它是由葡萄酒和葡萄蒸馏酒勾兑而成的配制酒,最适合用作甜食酒和开胃饮料。酒液呈金黄带褐色。陈酿的时间不同,该酒的风格和品质也有所差别。陈酿四个月的酒称为精酿(Fine),两年的称为优酿(Superiore),五年的称为特精酿(Verfine)。比较常见的品牌有:Gran Chef(厨师长)、Florio(佛罗里欧)、Peliegrino(佩勒克利诺)、Rallo(拉罗)、Smith Woodhouse(史密斯·木屋)。

5. 马拉加酒

马拉加酒(Malaga)产于西班牙南部安达卢西亚的马拉加地区,酿造方法颇似波特酒。酒精度在 $14° \sim 23°$,此酒作为餐后甜酒和开胃酒比不上其他同类产品,但它具有显著的滋补作用,较为适合病人和疗养者饮用。

比较有名的马拉加酒有以下品牌:Flores Hermanos(弗罗尔·海马诺斯)、Felix(菲利克斯)、Hijoe(黑交斯)、Jose(约赛)、Larios(拉丽欧斯)、Mata(马它)等。

想一想

---

1. 判断

　　(1)雪利酒是葡萄牙著名的强化葡萄酒。(　　　)

　　(2)玛德拉酒产于葡萄牙属的玛德拉岛。(　　　)

　　(3)波特酒是西班牙著名的强化葡萄酒。(　　　)

2. 选择

　　波特酒属于(　　　)。

　　　A. 开胃酒　　　B. 甜点酒　　　C. 利口酒　　　D. 酿造酒

三、利口酒

(一)利口酒的定义

利口酒(Liquear)在我国港澳地区称为"力娇酒"。它是以蒸馏酒(白兰地、威士忌、朗姆酒、金酒、伏特加)为基酒加入各种水果果汁(如橘、梅、李、椹果、香蕉、柠檬等)以及各种具有芳香或疗效作用的植物(如茴香、核桃、咖啡、椰子、可可，玫瑰花的根、茎、叶、花、果实、种子等），经过浸泡、蒸馏工艺，并经过甜化处理的酒精饮料。利口酒颜色娇艳，气味芬芳独特，含糖量高、相对密度较大，常用来增加鸡尾酒的颜色和香味，是制作彩虹酒不可缺少的材料。还可以用来烹调，烘烤，制作冰激凌、布丁和甜点。

利口酒的颜色来源一部分是配制原料的天然色泽；另一部分是后来人工的增色。基本酿造方法有蒸馏、浸渍、渗透、过滤、香精混合等几种。然而单一方法配制的利口酒极少，大多数使用了两种以上方法。

(二)利口酒的分类及品牌

利口酒从加入的芳香原料的类型可分为果(水果)类利口酒、草(植物)类利口酒和种(植物种子)类利口酒三类。利口酒的酒度一般在 15°～55°。

1. 果类利口酒

大多数的果类利口酒(Liqueurs de fruits)是用各种水果和香料浸泡，然后加糖浆制成的；其突出的风格是口味清爽新鲜。可用来配制利口酒的果类有很多，比如菠萝、香蕉、草莓、覆盆子、橘子、柠檬、李子、柚子、桑葚、椰子、甜瓜等。果类利口酒中最好的当数柑橘类的利口酒。

(1)库拉索酒 (Curacao)。库拉索酒也称柑香酒，产于荷属库拉索岛，该岛位于距委内瑞拉 60 km 的加勒比海中。库拉索酒是由橘子皮调香浸制成的利口酒。有无色透明的，也有呈粉红色、绿色、蓝色的，橘香悦人，香馨优雅，味微苦但十分爽适。酒度在 25°～35°，比较适于作餐后酒或配制鸡尾酒。

(2)君度酒(Cointreau)。君度酒(见图 5-18)是橙香酒中的珍品。由法国君度家族于 18 世纪发明酿制。君度橙酒晶莹澄澈，加冰后会变成乳白色。浓郁酒香中混以水果香味，鲜果夹杂着甜橘的自然果香。酿制君度酒的原料是一种不常见的青色的有如橘子的果子，其果肉又苦又酸，难以入口。这种果子来自于海地的毕加拉、西班牙的卡娜拉和巴西的皮拉。

(3)金万利(Grand Manier)。金万利香橙干邑(见图 5-19)又称大马尼尔酒，产于法国干邑地区，是用苦橘皮浸制成"橘精"调香配制而成的果类利口酒。大马尼尔酒是库拉索酒的仿制品。

大马尼尔酒有红标和黄标两种，红标是以干邑为酒基，黄标则是以其他蒸馏酒为酒基。它们的橘香都很突出，酒度在 40°左右，口味浓烈、甘甜、醇浓，属特精制利口酒。

(4)马士坚奴酒 (Maraschino)。在果类利口酒中，樱桃利口酒受欢迎的程度仅次于橙香利口酒。马士坚奴酒又名"马拉斯钦"(Marasquin)，主要在意大利北部威尼斯地区、克罗地亚、斯洛文尼亚酿造。

马士坚奴酒以樱桃为配料，樱桃带核先制成樱桃酒，再兑入蒸馏酒配制成利口酒。因为在酿造过程中会弄碎樱桃核，所以酒里带有一种独特的杏仁香。它们都具有浓郁的果香，口味醇美甘甜，酒度在 25°上下，属精制利口酒，适于餐后或配制鸡尾酒。

图 5-18　君度酒　　　　　　图 5-19　金万利　　　　　图 5-20　椰子利口酒

（5）彼得·海林（Peter Heering）。产于丹麦的哥本哈根。口感柔顺，色泽深红，是最好的樱桃利口酒。常用为餐后甜酒饮用，可以加冰或纯饮。

此外常见的利口酒品种还有：Cassis（卡西，黑加仑利口酒）、Creme de Banana（香蕉利口酒）、Southern Comfort（南逸，桃利口酒）、Apricot Brand（杏子白兰地）、Mango Liquear（芒果利口酒）、Pineapple Liquear（菠萝利口酒）、Coconuut Liqueur（椰子利口酒）（见图 5-20）、Creme de Framboise（覆盆子利口酒）等。

2. 草类利口酒

草类利口酒（Liqueurs de Plantes）的配制原料是草本植物，制酒工艺较为复杂。

（1）修道院酒（Chartreuse）。修道院酒也称查特酒，是法国修士发明的一种驰名世界的配制酒，秘方至今仍掌握在教士们的手中，从未披露。经分析表明：此酒以葡萄酒为酒基，浸制 130 多种阿尔卑斯山区的草药，其中有虎耳草、风铃草、龙胆等，再配以蜂蜜等原料。成酒需陈酿 3 年以上，有的长达 12 年之久。修道院酒品种中，最有名的叫绿酒 Chartreuse verte，酒精度为 55°；其次是黄酒 Chartreuse Jaune，酒精度为 40°左右。绿酒的香味较黄酒浓烈。修道院酒是草类利口酒中一个主要品种，属特精制利口酒。

（2）修士酒（Benedictine）。修士酒（见图 5-21）有的译为本尼狄克丁，也称为当酒或泵酒。此酒产于法国诺曼底地区的费康。该酒配制参照了当时流行的炼金术。该酒选用葡萄蒸馏酒为酒基，加入多种草药调香。其中有海索草、蜜蜂花、当归、丁香、肉豆蔻、茶叶等，再兑入糖浆和蜂蜜，经过提炼、冲沏、浸泡、勾兑等工艺制成。酒度为 43°，属特精制利口酒。修士酒瓶上标有"D.O.M."字样，是一句宗教格言

图 5-21　修士酒

"Deo Optimo Maximo"的缩写，意为"奉给伟大圣明的上帝"。

生产者用修士酒和白兰地兑和，制出另一新产品，命名为"B and B"（Bénédictine and Brandy）。

（3）杜林标酒（Drambuie）。产于英国爱丁堡的杜林标酒，（见图5-22）是一种以威士忌酒为基酒、用蜂蜜增甜的利口酒，其主体风味为苏格兰威士忌酒的烟熏味。此酒酒色金黄，香味甜美，是英国唯一能远销世界各地的利口酒。杜林标酒经常用为餐后酒，加冰或纯饮，同时也可以用来调制鸡尾酒。酒度为40°。

图 5-22　杜林标酒

（4）衣扎拉酒（Izarra）。衣扎拉酒产于法国巴斯克地区，在巴斯克族语中，Izarra是"星星"的意思，所以衣扎拉酒又名"巴斯克星酒"。该酒调香以草类为主，也有果类和种类，先用草类与蒸馏酒做成香精，再将其兑入浸有果类和种类的雅文邑酒液，加入糖和蜂蜜，最后用藏红花染色而成。衣扎拉酒有绿酒和黄酒之分，绿酒含有48种香料，酒度是48°；黄酒含有32种香料，酒度是40°。它们均属于特精制利口酒。

（5）加利安奴（Galliano）。如图5-23所示，酒名取自19世纪末意大利的英雄加利安奴将军的名字。以食用酒精为酒基，用30种以上的香草配制而成。这种酒调合了茴香、香草、药草的香味。酒色金黄，酒精度为35°。

（6）利口乳酒（Cremes）。利口乳酒是一种比较稠浓的利口酒，以草类调配的乳酒比较多，如Creme de Menthe（薄荷乳酒），Creme de Rose（玫瑰乳酒），Creme de Vanille（香草乳酒），Creme de Violette（紫罗兰乳酒），Creme de Cannelle（桂皮乳酒）。

图 5-23　加力安奴

3. 种类利口酒

种类利口酒（Liqueurs de graines）是以植物的种子为基本原料配制的利口酒。用以配料的植物种子有许多种，制酒者往往选用那些香味较强、含油较高的坚果种子进行配制加工。

（1）茴香利口酒（Anisette）。茴香利口酒起源于荷兰的阿姆斯特丹，为地中海诸国最流行的利口酒之一。法国、意大利、西班牙、希腊、土耳其等国均生产茴香利口酒。其中以法国和意大利的最为有名。先用茴香和酒精制成香精，再兑以蒸馏酒基和糖液，搅拌、冷处理、澄清而成，酒度在30°左右。茴香利口酒中最出名的为Marie Brizard（玛丽·布利查），产于法国，是以18世纪一位法国女郎的名字命名。

（2）顾美露（Kümmel）。顾美露的原料是一种野生的茴香植物，名叫"加维茴香"，主要生长在北欧，该酒主要产于荷兰和德国。较为出名的产品有：Allash（阿拉西，荷兰），Bols（波尔斯，荷兰），Fockink（弗金克，荷兰），Wolfschmidt（沃尔夫斯密德，德国），Mentzendorf（曼珍道夫，德国）等。

（3）荷兰蛋黄酒（Advocaat）。荷兰蛋黄酒（见图 5-24）产于荷兰和德国，大多以白兰地为酒基，主要配料为鸡蛋黄和杜松子。该酒呈蛋黄色，香气独特，口味鲜美，酒精度在 15°～20°。

图 5-24　Bols
蛋黄酒

（4）咖啡乳酒（Creme de Cafe）。咖啡乳酒主要产于咖啡生产国，它的原料是咖啡豆。先焙烘粉碎咖啡豆，再进行浸制和蒸馏，然后将不同的酒液进行勾兑，加糖处理，澄清过滤而成。酒度 26°左右。咖啡乳酒属普通利口酒。较出名的有：Kahlúa（高拉，墨西哥），Tia Maria（天万利，牙买加）（见图 5-25），Bardinet（必得利，法国）。

（5）可可乳酒（Creme de Cacao）。可可乳酒主要产于西印度群岛，它的原料是可可豆种子。制酒时，将可可豆经烘焙粉碎后浸入酒精中，取一部分直接蒸馏提取酒液，然后将这两部分酒液勾兑，再加入香草和糖浆制成。该酒有无色透明的白可可酒，也有棕色可可利口酒。较为出名的可可乳酒有：Cacao Chouao（朱傲可可），Afrikoko（亚非可可），Liqueur de Cacao（可可利口）等。

（6）杏仁利口酒（Liqueurs de amandes）。杏仁利口酒以杏仁和其他果仁为配料，酒液绛红发黑，果香突出，口味甘美。较为有名的杏仁利口酒有：Amaretto（阿玛雷托，意大利），Creme denoyaux（仁乳酒，法国），Almond liquers（阿尔蒙利口，英国）等。

图 5-25　天万利

综合实训

一、思考与练习

1. 名词解释

配制酒　味美思　比特酒　甜食酒

2. 填空题

（1）雪利酒产于_____，比特酒产于_____。

（2）配制酒分为_____、_____、_____三类。

（3）利口酒按类型分成_____、_____、_____三种。

（4）加力安奴（Galliano）是由_____加入_____制成。

3. 选择题

（1）利口酒由蒸馏酒或葡萄酒加入一定加味材料经过浸泡，（　　）等过程生产而成的一种甜化、加香的配制酒。

A. 蒸馏　　　　　B. 过滤　　　　　C. 发酵　　　　　D. 加香

(2)配制酒通常以(　　)为基酒加入各种酒精或香料而成。

A. 蒸馏酒　　　　B. 果汁酒　　　　C. 佐餐酒　　　　D. 开胃酒

(3)茴香酒味重而刺激，酒度在(　　)左右。

A. 56°　　　　　B. 30°　　　　　C. 38°　　　　　D. 25°

(4)下列哪种味美思酒是以干味为著称，并带有坚果香味?(　　)

A. 意大利味美思　B. 法国味美思　　C. 干味美思　　　D. 半甜味美思

4. 简答题

(1)简述雪利酒与波特酒的区别及特点。

(2)简述中国配制酒与外国配制酒的区别。

(3)简述开胃酒的分类方法。

二、实训

1. 酒水识别

实训目的：学会简单的酒水识别方法。

训练内容与要求：从标识、口味、气味、口感、色泽五方面认识以下几种酒：味美思、比特酒、茴香酒、利口酒。

2. 调查酒水市场和酒水价格

实训目的：了解当地酒水市场的销售情况和几种名酒的价格、品牌、包装情况。

训练内容与要求：走访当地大型超市、商场，了解味美思、比特酒、茴香酒、利口酒的价格、品牌和包装。

3. 开胃酒饮用及服务

实训目的：选用正确的杯具，根据客人要求，准确对味美思、比特酒、茴香酒进行服务。

训练内容与要求：

(1)净饮。

任务提示：

使用工具：调酒杯、鸡尾酒杯、量杯、酒吧匙和滤冰器。做法：先把 3 粒冰块放进调酒杯中，量 42 mL 开胃酒倒入调酒杯中，再用酒吧匙搅拌 30 s，用滤冰器过滤冰块，把酒滤入鸡尾酒杯中，加入一片柠檬。

(2)加冰饮用。

任务提示：

使用工具：平底杯、量杯、酒吧匙。做法：先在平底杯中加入半杯冰块，量 1.5 量杯开胃酒倒入平底杯中，再用酒吧匙搅拌 10 s，加入一片柠檬。

(3)混合饮用。

开胃酒可以与汽水，果汁等混合饮用，作为餐前饮料。

任务提示：

金巴利加苏打水。做法：先在柯林杯中加进半杯冰块，一片柠檬，再量 42 mL 金巴利酒倒入柯林杯中，加入 68 mL 苏打水，最后用酒吧匙搅拌 5 s。

金巴利加橙汁。做法：先在平底杯中加进半杯冰块，再量 42 mL 金巴利酒倒入平底杯中，加入 112 mL 橙汁，用酒吧匙搅拌 5 s。

4. 利口酒饮用及服务

实训目的：选用正确的杯具，掌握利口酒饮用服务的基本技巧。

训练内容与要求：

(1)选杯：由学生选出利口酒杯或雪利酒杯。

(2)饮用服务：由学生以 6～7 人一组进行，模仿某西餐店服务人员对客人服务的实际工作场景。

(3)服务提示：用作餐后酒以助消化，每杯 25 mL。果类利口酒的饮用温度由客人自定，但基本原则是：果味越浓的甜味越大；香越烈者，饮用温度越低。杯具需冰镇，可以溜杯也可，加冰或冰镇。

草本类：修道院酒用冰块降温，或酒瓶置于冰桶；修士酒则用溜杯，酒瓶在室温即可。

乳酒类：用有冰霜的杯具有较佳效果。

种子类：茴香酒常温也可，冰镇也行；可可酒及咖啡酒需冰镇服务。

选用高纯度的利口酒，可以一点点细细品尝，也可以加入苏打或矿泉水。但酒先入，可加适量柠檬水，也可在做冰淇淋、果冻、蛋糕时加入替代蜂蜜。

5. 看图识酒

以下为 Bols 系列利口酒，同学们根据酒标识别出各是哪种口味的利口酒。

项目六

非酒精饮料

项目介绍

　　本项目将带领学生认识一些酒吧常用的非酒精饮料，要求学生掌握非酒精饮料的常识及非酒精饮料的出品和服务技巧，熟练辨识非酒精饮料的类别及适用范围；关注非酒精饮料的市场行情，勤学苦练，推陈出新，培养自己的创新能力和创业精神。

　　非酒精饮料又称软饮料（Soft drink），是指不含酒精或酒精含量在 0.5% 以下的饮料。其中一些饮料是现代酒吧调制鸡尾酒和混合饮品最常用的基本原料。

任务一　茶

任务描述

　　茶叶与咖啡、可可一起被称为世界三大饮料。本任务主要带领学生认识茶叶的分类、茶叶名品及产地，掌握茶的泡制与饮用服务技能。并通过实地观摩和市场调查，了解茶的市场需求（酒吧业中）和发展前景。

相关链接

茶的起源与传播

　　中国是最早发现和利用茶树的国家，被称为茶的故乡。文字记载表明，我们祖先在 3 000 多年前就已经开始栽培和利用茶树。《神农本草经》中有这样的记载："神农尝百草，日遇七十二毒，得荼而解之"。据考证：这里的荼是指古代的茶。可从中得知，人类利用茶叶，可能是从药用开始的。直到秦、汉时期，通过人工栽培茶树，人们发现了茶具有生津醒神的功能，制茶和饮茶才渐成风气。

　　唐朝是茶文化形成的主要时期。世界著名的第一本完整的茶书《茶经》也出于同时期。唐朝人盛行煮茶，这种方法一直维持到宋朝才被冲泡法所替代。

　　茶兴于唐而盛于宋，真正流行是在明初，炒青制茶工艺得到迅速发展。清代在炒青的基础上又发展出了红茶和乌龙茶的制作。到了清代，茶叶已经是采摘精细，炒制得当。随着制茶技艺的发展，茶及茶学达到了一个新的高度。至此，绿茶、乌龙茶、花茶、红茶、黑茶、黄茶的茶叶品种格局基本形成。

　　中国茶业，最初兴于巴蜀，其后向东部和南部逐次传播开来，最后遍及全国。到了唐代，又传至日本和朝鲜，16 世纪后被西方引进，形成整个世界灿烂独特的茶文化。但由于各国文化和饮用习惯的差异，人们对茶的鉴赏和喜好也各不相同。

一、茶叶的分类

(一)基本茶类

1. 不发酵茶

（1）绿茶。经高湿杀青（如炒、烘等）制成，冲泡后汤色和叶片均呈青翠欲滴的天然色泽，清新芬芳，鲜醇清爽。主要产在四川、浙江、江苏、安徽等地。其名品有杭州的西湖龙井（见图 6-1）、江苏的碧螺春、安徽的黄山毛峰等。

图 6-1　西湖龙井

（2）白茶。它是我国的特产，加工时不炒不揉，只将细嫩、叶背布满茸毛的茶叶晒干或用文火烘干，而使白色茸毛完整地保留下来。白茶主要产于福建的福鼎、政和、松溪和建阳等县，有白毫银针（见图 6-2）、白牡丹、贡眉、寿眉几种。

图 6-2　白毫银针

（3）黄茶。在制茶过程中，经过闷堆渥黄，因而形成黄叶、黄汤。包括黄芽茶如君山银针、蒙顶黄芽等，黄大茶如霍山黄大茶、广东大叶青等，黄小茶如北港毛尖、温州黄汤等。

2. 半发酵茶

半发酵茶主要是指乌龙茶，乌龙茶又名青茶，是采用特别的萎凋和发酵方法，又应用绿茶的杀青方式，形成"七分绿、三分红"，绿叶镶红边的茶。这类茶既有绿茶的清香味，又有红茶的浓鲜味。主要产于福建、广东和台湾地区。名品如安溪铁观音、大红袍、武夷岩茶、台湾冻顶乌龙等。深受南方沿海地区人民的喜爱。

相关链接

> 传说明代有一上京赴考的举人路过武夷山时突然得病，腹痛难忍，巧遇一和尚取所藏名茶泡与他喝，病痛即止。他考中状元之后，前来向和尚致谢，问及茶叶出处，得知后他脱下大红袍绕茶丛三圈，将其披在茶树上，故得"大红袍"之名。

图 6-3　武夷山九龙窠

3. 全发酵茶

（1）红茶。是经过萎凋、揉捻（揉切）、发酵、干燥等工艺处理的茶叶。红茶冲泡后颜色红艳、滋味浓鲜。其名品有安徽祁门红茶、广东英德红茶、四川红茶、云南红茶等。

（2）黑茶。原料粗老，加工时堆积发酵时间较长，使叶色呈暗褐色，是藏族、蒙古族、维吾尔族等兄弟民族不可或缺的日常饮品。主要产于云南，包括湖南黑茶如安化黑茶，湖北老青茶如蒲沂老青茶等，四川边茶如南路边茶、西路边茶等，滇桂黑茶如普洱茶、六堡茶等。

(二)再加工茶类

1. 花茶

又称香片，主要以绿茶、红茶或者乌龙茶作为茶坯、配以能够吐香的鲜花作为原料，采用窨制工艺制作而成的茶叶。既有茶香，又有花香，是我国独有产品。其名品有茉莉花茶、玉兰花茶、玳玳花茶等。

2. 紧压茶

又称"边销茶"，是以各种成品茶为原料经蒸软后放入模具压制成砖状或饼状的块形茶，故又被称为砖茶或饼茶。主要产区有湖南、湖北、云南、四川等省。其名品有青砖、茯砖、米砖、普洱茶(见图 6-4)等。

另外，再加工茶类还包括药用保健茶(减肥茶、杜仲茶、降脂茶等)、萃取茶(速溶茶、罐装茶等)、果味茶(柠檬茶、荔枝茶等)、含茶饮料(茶汽水等)。

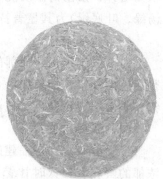

图 6-4　普洱茶

二、茶叶名品及产地

(一)杭州龙井

绿茶。产于浙江杭州的龙井村，历史上曾分为"狮、龙、云、虎"四个品类，以产于狮峰的老井的品质为最佳。龙井属炒青绿茶，向以"色绿、香郁、味醇、形美"四绝著称于世。好茶还需好水泡，"龙井茶、虎跑水"被并称为杭州双绝。

(二)太湖碧螺春

绿茶。产于江苏吴县太湖之滨的洞庭山。洞庭山上有座碧螺峰，茶因此而得名。碧螺春茶叶用春季从茶树采摘下的细嫩芽头炒制而成；高级的碧螺春，0.5 千克干茶需要茶芽 6 万～7 万个。炒成后的干茶条索紧结，白毫显露，色泽银绿，味极幽香，俗称"吓杀人香"。

(三)黄山毛峰

绿茶。产于安徽黄山，主要分布在桃花峰的云谷寺、松谷庵、吊桥庵、慈光阁及半寺周围。制成的毛峰茶外形细扁微曲，状如雀舌，香如白兰，味醇回甘。黄山毛峰茶曾多次在国际展览会上展出，受到一致好评。

(四)庐山云雾

绿茶。产于江西庐山。号称"匡庐秀甲天下"的庐山，北临长江，南傍鄱阳湖，气候温和，山水秀美十分适宜茶树生长。庐山云雾芽肥毫显，条索秀丽，香浓味甘，汤色清澈，是绿茶中的精品。

(五)六安瓜片

绿茶。产于皖西大别山茶区，其中以六安、金寨、霍山三县所产品最佳。它是由不带芽和嫩茎的叶片制烤成的,成茶呈瓜子形,因而得名。色翠绿,香清高,味甘鲜,耐冲泡。此茶不仅可消暑解渴生津,而且还有极强的助消化作用和治病功效,因而被视为珍品。

(六)恩施玉露

绿茶。产于湖北恩施,是我国保留下来的为数不多的一种蒸青绿茶。恩施玉露对采制的要求很严格,芽叶须细嫩、匀齐,成茶条索紧结,色泽鲜绿,匀齐挺直,状如松针;茶汤清澈明亮,香气清鲜,滋味甘醇,叶底色绿如玉。"三绿"(茶绿、汤绿、叶底绿)为其显著特点。

(七)白毫银针

白茶。产于福建北部的建阳、水吉、松政和东部的福鼎等地。白毫银针满坡白毫,色白如银,细长如针,因而得名。冲泡时,"满盏浮茶乳",银针挺立,上下交错,非常美观;汤色黄亮清澈,滋味清香甜爽。

(八)武夷岩茶

半发酵茶。产自福建的武夷山。属武夷岩茶品质独特,它未经窨花,茶汤却有浓郁的鲜花香,饮时甘馨可口,回味无穷。18世纪传入欧洲后,备受当地群众的喜爱,曾有"百病之药"的美誉。

(九)安溪铁观音

半发酵茶。产于闽南安溪。铁观音的制作工艺十分复杂,成茶条索紧结,色泽乌润砂绿。好的铁观音,在制作过程中因咖啡碱随水分蒸发还会凝成一层白霜,称作"砂绿起霜"。冲泡后,有天然的兰花香,滋味纯浓。乌龙茶有健身美容的功效,风靡日本和东南亚。

(十)普洱茶

紧压茶。产于云南西双版纳等地,因自古以来即在普洱集散,因而得名。普洱茶是采用绿茶或黑茶经蒸压而成的各种云南紧压茶的总称。普洱茶的品质优良,除了饮用价值,还有可贵的药效,因此,海外侨胞和港澳同胞常将普洱茶当做养生妙品。

(十一)祁红

红茶。祁门红茶是我国传统工夫红茶之一。其条索细嫩,含有多量的嫩毫和显著的毫尖,长短整齐,色泽乌润,品饮祁红,香味浓郁,有鲜甜清快的嫩厚感,水色红艳,叶底匀整美观,形成独有的祁红风格。

(十二)滇红

红茶。产自云南,属红碎茶,汤色红浓明亮,香味浓烈,颗粒紧结,质量在我国同类红茶之上,在国际茶叶贸易市场占有一席之地。

三、茶的泡制与饮用服务

(一)茶的泡制

一壶好茶的泡制,受很多因素的影响。

1. 水质

水源在"活"，水味要"甘"，水质需"清"，水品要"轻"。选水应该遵循"一泉二江三井"的原则。矿泉水沏茶最好；蒸馏水沏茶次之；自来水则又次之，因其中氯气含量较多，可将自来水注入容器过夜或延长煮沸时间。水的硬度和茶的品质关系密切，泡茶宜选软水或暂时硬水为好。

2. 温度

泡茶水温的掌握依茶而定。冲泡高级绿茶，一般用80℃左右的沸水；冲泡各种花茶、红茶、中低档绿茶，则要用90～100℃的沸水；冲泡乌龙茶、普洱茶和沱茶，必须用100℃的沸滚开水；少数民族饮用的紧压茶，则需敲碎熬煮。

3. 时间

泡茶时间要根据茶叶的质量和用茶量的多少而定。质量好的茶，冲泡时间宜短；用茶量多，冲泡时间宜短。一般茶叶可连续冲泡数次。随着冲泡次数的增加，冲泡时间应适当延长。

4. 茶具

"水为茶之母，壶是茶之父。"要获取一杯上好的香茗，需要做到茶、水、火、器四者相配，缺一不可。以陶器茶具最好，瓷器茶具次之，玻璃茶具第三，搪瓷茶具较差。绿茶等外形完整美观的茶叶一般选用玻璃杯具；乌龙茶很讲究茶艺，因此其茶具也很讲究，一般为紫砂器（见图6-5）。其他茶类用瓷器较多。

图6-5 紫砂茶具

5. 茶叶用量

茶叶用量为泡茶三要素（用量、水温、冲泡时间和次数）之首。茶叶的用量与茶叶的品种、质量、泡茶用具大小和饮茶者的习惯密切相关，所以应因茶而异，因人而异，灵活机动。

(二)茶的饮用服务

1. 沏茶

茶的泡制有四种方法，即煮茶法、点茶法、毛茶法、泡茶法。不同的茶采用不同的泡制方法，使用的器具也不同。沏茶的时候，茶壶盖仰放，把壶内冲洗干净，用茶勺将茶叶放入壶内（如没有茶勺应把茶叶倒入壶盖中，用壶盖送入壶里），沏茶时让开水滚落（沉淀水内矿物质），然后沏入壶内。

2. 斟茶

斟茶的时候，杯盖仰放，注意茶具的清洁卫生，用茶水将茶杯冲洗一下。如果在客人面前斟茶，可将茶杯拿起斟，量不宜太满，一般以七分满为宜。

3. 让茶

让茶的时候，应用托盘，请客人自己拿杯或者由服务员按顺序进行。右手拿杯，左手做出让茶的姿势，放在客人面前，手应拿杯的下部或杯把，杯把要偏向右方，并说："请您用茶。"对不喜欢饮茶的人应备汽水或白开水。

4. 续茶

续茶次数不宜太频，也不能间隔时间太长，应根据需要掌握续茶的时间及次数，如杯内水凉，应把水底倒掉，换上热茶。换茶时应注意茶杯的卫生，不要混淆客人的茶杯，如需要将茶壶放在客人的面前时，手拿壶把，壶嘴不能朝向客人，应朝外放，注意客人用过的茶杯要用热水冲洗或消毒后再用（饮红茶时需备垫盘和砂糖，将砂糖与搅拌勺、茶杯放在垫盘上）。

相关链接

品茶

在我国，饮茶方式可分为：品茶、喝茶、饮茶、灌茶四种，其中品茶，或称品茗，为饮茶之最高境界。品茶如参禅，重在意境，故向有"茶中带禅、茶禅一味"之说。品茶大致有四个方面的内容。

尝茶：从干茶的色泽、老嫩、形状，观察茶叶的品质。

闻香：鉴赏茶叶冲泡后散发出的清香（包括留在盖上的"盖面香"）。

观汤：欣赏茶叶在冲泡时上下翻腾、舒展之过程，茶叶溶解情况及茶叶冲泡沉静后的姿态。

品味：品赏茶汤的色泽和滋味。

乌龙茶的品饮和一般茶叶不同，自有它的独特之处。品饮前，先用"高冲、低泡、括沫、淋盖"等传统方法冲泡；品饮时，用右手食指、拇指按住杯边沿，中指顶住杯底，戏称"三龙护鼎"。

任务二　咖啡与可可

任务描述

通过学习，要求学生了解咖啡的种植条件、加工与咖啡风味的关系、熟悉咖啡名品与产地、可可豆的种类及常见的可可饮品，掌握咖啡和可可的调制和服务技能，并通过市场调查，关注咖啡和可可的市场需求，使学生具备适应行业发展与职业变化的能力，从而更好地从事酒吧服务工作。

一、咖啡

咖啡(Coffee)是世界三大饮品(咖啡、茶、可可)之首。各式各样的咖啡在饭店综合性酒吧的销量不低于烈性酒和汽水,是世界上消费量最大的饮料之一,也是目前世界上最贵的不含酒精的饮料。

相关链接

"咖啡"一词源自埃塞俄比亚的一个名叫卡法(Kaffa)的小镇,"咖啡"是当地地名的音译。

对于咖啡的发现众说纷纭,一个广为流传的说法是:约在 3 000 年前,一个牧羊人看到羊吃了一种无名灌木的果实之后,变得兴奋、激动、跑跳不停。于是,牧羊人也亲口尝了这种无名的果实,结果同样感到精神振奋。咖啡于是被人们发现和利用。

起初,咖啡并不是作为饮料来喝的,而是把生咖啡豆磨碎做成丸子,当成食物,到 875 年,波斯人发明了煮咖啡当饮料喝的方法。接着,又发现咖啡果连壳炒熟能增加香味。从 13 世纪起,人们才开始从咖啡果里剥出咖啡豆,做成饮料来饮用,到 16 世纪咖啡才大量地栽植,并逐渐传播到世界各地,风行至今。

世界上有许多盛产咖啡的国家,咖啡产量居世界第一的是巴西,占总产量的 30%,有"咖啡王国"之称;哥伦比亚次之,约占 10%;印度尼西亚、牙买加、厄瓜多尔、新几内亚等国家的产量也很高。咖啡是在 100 多年以前被引进我国的,最初是在台湾地区,而后又引种到海南岛,现在广东、广西、云南和福建等地都有种植。我国云南省、海南省所产的咖啡豆的质量丝毫不比世界名咖啡逊色。

(一)咖啡树与咖啡的种植条件

1. 咖啡树

咖啡树(见图 6-6)属常绿灌木,一般树高约 3 m,野生咖啡树甚至高达 10 m 以上,人工栽培时,为便于手工采摘,一般修剪成 2～3 m。播种后要经过三四年才结果。优质咖啡豆是从树龄六七年到十年的咖啡树上采摘的。树叶为 10～20 cm 大小的椭圆形,花为白色,散发出如同茉莉花般的芳香。

图 6-6　咖啡树

果实于花开后 6～8 个月成熟。咖啡果每年能采摘两三次，咖啡的果实长约 1.4～1.8 cm，最初呈绿色，成熟后变鲜红色，所以有人称咖啡的果实为咖啡樱桃。果肉中含有两粒种子，形状为椭圆形，一面呈圆形，一面是平面，像花生豆一样相对而生。采摘后，将果肉洗净、晒干去壳后得到的是生咖啡豆。

2. 咖啡的种植条件

现在，世界上栽培咖啡树的国家约有 70 个，都位于以赤道为中心，南北纬 25° 称为"咖啡种植区"或"咖啡种植带"的热带国家。

咖啡树生长的理想自然条件有以下四点，这些位于咖啡种植区的产地几乎都具备这些条件。

(1)四季温暖如春(18～25℃)的气候，适中的降雨量(年降水量 1 500～2 250 mm)。

(2)日照充足，通风、排水性能良好的土地。

(3)火成岩质的土壤最适宜咖啡栽培。

(4)绝对没有霜降。

相关链接

咖啡的成分与功效

1. 咖啡因

性质和可可内含的可可碱、绿茶内含的茶碱相同，咖啡风味中的最大特点——苦味，就是由于含有咖啡因。咖啡因的作用极为广泛，会影响人体脑部、心脏、血管、胃肠、肌肉及肾脏等各部位，适量的咖啡因会刺激大脑皮层，促进感觉判断、记忆、感情活动，让心肌机能变得较活泼，使血管扩张，血液循环增强，并提高新陈代谢机能，咖啡因也可减轻肌肉疲劳，促进消化液分泌。还会促进肾脏机能，有利尿作用。

2. 单宁酸

经提炼后单宁酸会变成淡黄色的粉末，很容易溶于水，煮沸后的单宁酸会分解成焦梧酸，所以冲泡过久的咖啡味道会变差。所以才会有"冲泡好最好尽快喝完"的说法。

3. 脂肪

咖啡内含的脂肪分为好多种，其中最主要的是酸性脂肪和挥发性脂肪。酸性脂肪是指脂肪中含有酸，其强弱会因咖啡种类不同而异，挥发性脂肪是咖啡香气主要来源，会散发出约 40 种芳香物质。咖啡内含的脂肪，在风味上占极为重要的角色，烘焙过的咖啡豆内所含的脂肪一旦接触到空气，会发生许多化学变化，味道香味都会变差。

4. 蛋白质

卡路里的主要来源，所占比例并不高。咖啡末的蛋白质在煮咖啡时，多半不会溶解，所以摄取到的有限。这就是咖啡会成为减肥圣品的缘故。

5. 糖分

在不加糖的情况下，除了会感受到咖啡因的苦味、单宁酸的酸味，还会感受到甜味，便是咖啡本身所含的糖分所造成的。生咖啡豆所含的糖分约为8%，经过烘焙后大部分糖分会转化成焦糖，为咖啡带来独特的褐色。

6. 矿物质

有石灰、铁质、硫黄、碳酸钠、磷、氯、硅等，因所占的比例极少，对咖啡的风味影响不大，只带来稍许涩味。

7. 粗纤维

生豆的纤维烘焙后会炭化，与焦糖互相结合便形成咖啡的色调。但化为粉末的纤维质会给咖啡的风味带来相当程度的影响。故我们并不鼓励购买粉状咖啡豆。

(二)咖啡名品与产地

1. 蓝山(Blue Mountain)

产地：牙买加西部的蓝山山脉。味道清香甘柔而滑口，不具苦味而带微酸，口感调和，风味极佳，是咖啡中的极品。适合做单品咖啡，宜做中度烘焙。因为产量极少，价格昂贵，一般人很少喝到真正的蓝山(见图6-7)。

2. 哥伦比亚(Colombia)

产地：南美洲。咖啡豆品质均一，可以堪称咖啡豆中的标准豆。其口感具有酸中带甜、苦味中平的优良特性。以丰富独特的香气广受人们青睐，乃咖啡中的佼佼者。中度偏深的烘焙会让口感比较有个性，不但可以作为单品饮用，做混合咖啡也很合适。

图6-7 蓝山咖啡

3. 圣多斯(Santos)

产地：巴西。属中性豆，品质优良，口感圆滑，带点中度酸，还有很强的甜味，风味极佳，被誉为咖啡之中坚。酸味和苦味可借由烘焙来调配，中度烘焙香味柔和，味道适中，深度烘焙则有强烈苦味，适合来调配混合咖啡。

4. 曼特宁(Mendeling)

产地：印尼苏门答腊。属于Arabica品种，是印尼品质最好的一种咖啡，也是世界上颗粒最饱满的咖啡豆。具有浓厚的香味、苦味，醇度特强。适合深度烘焙。一般咖啡爱好者都喜欢单品饮用，是调配混合咖啡时不可缺少的品种。

5. 摩卡(Mocha)

产地：埃塞俄比亚、也门等地。目前以也门所生产的为最佳，其次为依索比亚的摩卡；其独特的甘、酸、苦味，极为优雅，饮之润滑可口，醇味经久不退，是调配混合咖啡的理想选择。中度烘焙有柔和的酸味，深度烘焙则散发出浓郁香味，偶尔会作为调酒用。

6. 安提瓜咖啡(Antigua)

产地：危地马拉。甘味甚佳，带有上等的酸味与甜味，滑润顺口，是混合咖啡的最佳材料，适合深度烘焙。

7. 肯亚咖啡(Kenya)

肯亚是出自于品质较高的阿拉比卡种，而阿拉比卡也是台湾咖啡的种类之一，味道更为香醇浓烈而厚实，并且带有较为明显的酸味，抓住许多喜爱这种特性的咖啡迷，也是德国人的最爱。

8. 爪哇咖啡(Java)

产地：印尼爪哇岛，属于阿拉比卡种咖啡。烘焙后苦味极强而香味极清淡，无酸味。爪哇咖啡的苦、醇，加上巧克力糖浆的甜浓，使爪哇咖啡更甘醇顺口，很受女性欢迎。

(三)咖啡豆的加工

1. 去皮

摘下来的咖啡被送往工厂，用干燥、水洗、半水洗的方法，进行精制加工。经过这道加工，被称为"绿咖啡"的生豆即告诞生。经过不同方法加工后的咖啡豆味道也会呈现不同的风味。

(1)干燥式。将刚采下的果实广布在晒场上一两个星期，用脱壳机将干掉的果肉、内果皮和银皮去除。以这种方式精制而成的咖啡豆，呈微酸而略有苦味。这种方法的缺点是容易受天气的影响，以及易掺入瑕疵豆和其他杂质。

(2)水洗式。于水槽中，经水洗发酵，去除咖啡豆的果肉及胶质后，用机器干燥，最后用脱壳机将内果皮去除。这种咖啡豆色泽美观，品质均一，杂质也较少。发酵的时间长短会影响咖啡的风味。半水洗法发酵时间通常很短甚至不发酵。

2. 烘焙

烘焙又称为煎炒，使咖啡豆呈现出独特的色泽、香味与口感。恰到好处的烘焙，会使豆变大而膨胀、表面无皱纹、光泽均匀，各有其不同风味。烘焙的最终目标是将咖啡豆煎焙出其最大特色。

咖啡豆的烘焙大致可分为轻火、中火、强火三大类，而这三种煎焙又可细分为8个阶段：

(1)最轻度的烘焙(light)，还有青草味，无香醇味可言，检验用，轻火。

(2)一般的烘焙程度(cinnamon)，留有强烈的酸味。豆子呈肉桂色，为美国西部人士所喜好。

(3)中度烘焙(medium)，香醇、酸味适中，主要用于混合咖啡，中火。

(4)中高度烘焙(high)，酸中带苦，适合蓝山及动马札罗等咖啡，为日本、北欧人士喜爱，中火(稍强)。

（5）都会烘焙（city），苦味较酸味浓，适合哥伦比亚及巴西的咖啡，深受纽约人士喜爱，中火（强）。

（6）全都会烘焙（full city），无酸味，以苦味为主，适合冲泡冰咖啡，为中南美人士饮用，小强火。

（7）法式烘焙（French），苦味强、色黑，用于蒸气加压器煮的咖啡，有些资深饮者偏好此味，强火。

（8）意式烘焙（Italian），泛油、色黑，意大利式蒸气加压咖啡用，适合作为意大利浓缩咖啡的原料，大强火。

相关链接

最常用的咖啡鉴赏术语

醇度（body）：指咖啡入口后的那种厚重、浓稠的质感。

酸度（acidity）：这种酸与我们日常食用水果的那种酸味不同，是用以形容咖啡那种明亮、清新、爽朗的特有味觉感受，一些著名的阿拉比卡咖啡豆正是以明快的"酸"的特质赢得咖啡爱好者的喜爱的。

苦味（bitter）：苦味是咖啡最明显的特征之一。影响苦味程度的因素主要有：品种（罗巴斯特种比阿拉比卡种更苦）；产地（某些产地出品的咖啡苦味较强烈，如印尼的苏门答腊、爪哇等）；烘焙程度（较深烘焙的比较浅烘焙的要苦）；咖啡因含量（咖啡因含量越高就会越苦）；萃取时间（萃取时间越长就会越苦）。

甘度（sweet）：回味甘甜是一些好咖啡的特质，通常来说没什么人喜欢"苦"，但回味中的"甘"和"酸"却是很多人所追求的。

香度（aroma）：是指咖啡冲泡后所显现出来的最明显的特征，包括焦糖味、果香味、花香味、草香味等。

风味（flavor）：指香度、甘度、醇度的整体感受。

酒味（winy）：某些产地的咖啡有类似葡萄酒的味道，实质上是酸味和高醇度相结合的一种感受，口感极佳。

3. 研磨

（1）咖啡的研磨程度。咖啡研磨程度分为五种：粗研磨、中研磨、细研磨、中细研磨、极细研磨。不同的咖啡萃取方法对咖啡粉的要求由粗至细排列为：法式滤压壶、滤泡式咖啡壶（包括美式咖啡机）、虹吸式咖啡壶、摩卡咖啡壶、意大利咖啡机。

（2）咖啡的研磨工具。常用的磨豆工具是磨豆机，分为手动和电动两种。

①家庭用手动回转式磨豆机。适合需求量小的情形。

②家庭用的电动式磨豆机。一次可磨出6人份。

③专业用电动磨豆机。主要做商业用途，适合需求量大的情形。

相关链接

咖啡研磨的注意事项

　　冲煮之前才研磨，这是研磨咖啡最理想的时间。咖啡豆在研磨之后，氧化与变质的速度变快，咖啡在 30 s 到 2 min 之内就会丧失风味。因此，每次的研磨量不要太多，磨好则应尽快冲泡。

　　应选择适合冲煮方法的研磨度，粉末的粗细要视烹煮的方式而定。一般而言，烹煮的时间越短，研磨的粉末就要越细；烹煮的时间越长，研磨的粉末就要越粗。

　　研磨后的粉粒要均匀，颗粒大小不均将导致冲泡时间无法掌握。

　　研磨时所产生的温度要低。优良物质大多具有高度挥发性，研磨的热度会增加挥发的速度，导致咖啡香味提早溢散。

　　磨豆机在使用之后一定要冲洗干净，否则会有油脂积垢而变味。

　　咖啡粉可以在常温下密封保存三天，如密封保存在冰箱中，时间不宜超过一个星期。

(四)咖啡的调制

　　咖啡适用于多种调制方法，没有一种可以称为是绝对最好的，因为每个人都有自己的偏好。这些调制方法有共同的特点，那就是用开水释放咖啡粉末中的天然的香料油，即咖啡油，使咖啡散发出独特的浓香口味。

1. 滤纸式冲泡法

　　(1)器材：尖嘴或长嘴咖啡壶(见图 6-8)，滤器、滤纸、滤壶、炉具、降温用毛巾、咖啡匙。

　　(2)操作步骤：

　　①折叠滤纸平整地放入滤器。

　　②以量匙将中研磨的咖啡粉依人数倒入滤纸内，再轻敲几下使表面平坦。

图 6-8　咖啡壶

　　③将滤器放置于滤壶上，用少量开水温壶。

　　④准备适量的水，在炉具上煮至沸腾。倒入细嘴水壶中，用毛巾给细嘴壶降温至 92℃。

　　⑤以极细的水流将咖啡粉淋湿，水量以刚好淋湿为宜，称为焖蒸。

　　⑥将滤壶放在炉上保温。

　　⑦再给长嘴壶降温至 85℃，从滤器的中心开始注水，向外旋转画圈，控制适当的水量。用滤壶斟倒咖啡。

2. 滤压式冲泡法

　　(1)器材：法式滤压壶(见图 6-9)、搅棒、咖啡匙。

（2）操作步骤：

①将滤压壶预热。

②拔出壶内滤器，将粗粒的咖啡粉放入温热的咖啡壶中，将 92～96℃的水注入壶内，静置 3 min。

③用搅棒搅拌。

④将滤器放入壶内，将带有滤网的活塞压到壶底，使咖啡沫和液体分离。

⑤用滤压壶斟倒咖啡。

3. 虹吸式冲泡法

（1）器材：虹吸式咖啡壶（见图 6-10）、酒精灯、搅棒、过滤器、咖啡匙、降温用毛巾。

（2）操作步骤：

①将过滤器平整的放入上瓶中，拉出链条弹簧使其固定。

②将咖啡粉放入上瓶内，下瓶装入热水，开火煮至水微沸，即可插入上瓶。

③水上升至上瓶后开始计时，同时拿搅棒前后左右轻拨咖啡液，使粉全部浸湿，40 s 后再拨一次。

④煮至 50～60 s 后关火，立刻拔起上瓶，将下瓶的剩水倒掉，再将上瓶插回下瓶。可用湿布擦拭下瓶，使咖啡液迅速下降。

⑤拔起上瓶，将煮好的咖啡倒入杯中即可。

4. 蒸汽加压式冲泡法

（1）器材：摩卡壶（见图 6-11）、酒精灯、滤纸、咖啡匙。

（2）操作步骤：

①先将适量的热水倒入咖啡壶底部的水槽中。

②将咖啡槽座放进底壶，放入研细的意大利咖啡粉。在咖啡粉上放一片滤纸，使粉不致冲上去。

③放入上压盖，将咖啡粉压紧。

④将上层壶身与下层转紧，开大火煮到上层壶身冒出蒸汽，咖啡液流进壶身即告完成。关火。

⑤将咖啡倒进杯中即可。

图 6-9　法式滤压壶

图 6-11　摩卡壶

相关链接

咖啡的品尝

咖啡的品尝，应该像品茶或品酒那样，过程也是循序渐进的，以达到放松、提神和享受的目的。

第一步：闻香。体味一下咖啡那扑鼻而来的浓香。

第二步：观色。咖啡最好呈现深棕色，而不是一片漆黑，深不见底。

第三步：品尝。先喝一口黑咖啡，感受一下原味咖啡的滋味，咖啡入口应该有些甘味，微苦、微酸但不涩，然后再小口小口地品尝，不要急于将咖啡一口咽下，应暂且含在口中，让咖啡和唾液与空气稍作混合，最后再咽下。

品咖啡注意事项：

温度： 冲调咖啡的最佳温度是80~88℃。到口中的温度为61~62℃最为理想。品质优良的咖啡，放凉以后除香味会减少以外，口感表现与热时是一致的，甚至更佳。

味道： 人们对咖啡的味感一般会有苦、酸、甜、香、涩几种，应当按照各自的嗜好去选择和调制。

适量： 适量的咖啡能适度促使疲劳的身体恢复精力，头脑为之清爽，但不宜过量饮用，每次以80~100 mL为适量，如想大量饮用，就要将咖啡冲淡，或加入大量牛奶，在糖分的调配上也不妨多些变化，使咖啡更具美味。

二、可可

可可（Cocoa）为制巧克力的必需原料。也可以做饮料，可可饮料是驰名世界的三大无酒精饮料之一。

相关链接

可可原产于南美洲亚马逊河流域的热带雨林里。学名为 Theobroma cacao。大约在三千年前，美洲的玛雅人就开始培植可可树，称其为 cacau，将可可豆（见图6-12）烘干碾碎，和水混合成一种苦味的饮料，后来流传到南美洲和墨西哥的阿兹台克帝国，阿兹台克人称其为 xocoatl，意思为"苦水"，他们为皇室专门制作热的饮料，叫 Chocolatl，意思是"热饮"，是"巧克力"这个词的来源。

16世纪中叶，欧洲人来到美洲，发现了可可并认识到这是一种宝贵的经济作物，他们在"巧克脱里"的基础上研发了可可饮料和巧克力。16世纪末，世界上第一家巧克力工厂由当时的

图6-12　可可豆

西班牙政府建立起来，可是一开始一些贵族并不愿意接受可可做成的食物和饮料，甚至到 18 世纪，英国的一位贵族还把可可看作"从南美洲来的痞子"。可可定名很晚，直到 18 世纪瑞典的博学家林奈才为它命名。后来，由于巧克力和可可粉在运动场上成为最重要的能量补充剂，发挥了巨大的作用，人们便把可可树誉为"神粮树"，把可可饮料誉为"神仙饮料"。

1922 年，我国台湾地区引种试种成功，中国大陆现主要种植地在海南。

(一)可可豆的种类及产地

1. 克里奥罗

克里奥罗(Criollo)，可可中的佳品，香味独特，但产量稀少，相当于咖啡豆中的阿拉比卡(Arabica)，仅占全球产量的 5%，主要生长在委内瑞拉、加勒比海、马达加斯加、爪哇等地。

2. 佛拉斯特罗

佛拉斯特罗(Forastero)，产量最高，约占全球产量的 80%，气味辛辣，苦且酸，相当于咖啡豆中的罗拔斯塔(Robusta)，主要用于生产普通的大众化巧克力；西非所产的可可豆就属于此种，在马来西亚、印尼、巴西等地也有大量种植。这种豆子需要剧烈的焙炒来弥补风味的不足，正是这个原因使大部分黑巧克力带有一种焦香味。

相关链接

特拉尼达(Trinitario)，是克里奥罗和佛拉斯特罗的杂交品种，因开发于特拉尼达岛而得名，结合了前两种可可豆的优势，产量约占 15%，产地分布同克里奥罗，与克里奥罗一样被视为可可中的珍品，用于生产优质巧克力，因为，只有这两种豆子才能提供优质巧克力的酸度、平衡度和复杂度。

非洲可可豆约占世界可可豆总产量的 65%，大部分被美国以期货的形式买断，但是非洲可可豆绝大部分是佛拉斯特罗，只能用于生产普通大众化的巧克力；而欧洲的优质巧克力生产商，会选用优质可可种植园里面所产的最好豆子，有的甚至还有自己的农场，如法国著名巧克力生产商法芙娜(Valrhona)。

可可豆的成分与功效

可可豆(生豆)含水分 5.58%，脂肪 50.29%，含氮物质 14.19%，可可碱 1.55%，其他非氮物质 13.91%，淀粉 8.77%，粗纤维 4.93%，其灰分中含有磷酸 40.4%，钾 31.28%，氧化镁 16.22%。可可豆中还含有咖啡因等神经中枢兴奋物质以及单宁，单宁与巧克力的色、香、味有很大关系。其中可可碱、咖啡因会刺激大脑皮质，消除睡意、增强触觉与思考力以及可调整心脏机能，又有扩张肾脏血管、利尿等作用。

（二）可可饮品

1. 可可速溶饮品

可可类的速溶饮品在我国并不多见，以"高乐高"为代表。此外纯巧克力粉饮品在酒吧中很常见，服务方式多为冲泡"热巧克力"，客人可以根据自己的喜好添加糖或牛奶。

2. 可可饮料

市场上流行的可可类成品饮料品种较多，如朱古力牛奶。在酒吧中有巧克力奶昔出售。

虽然可可类的饮品还未被广泛开发和利用，但是以可可粉为主要原料的巧克力口味的食品却琳琅满目，有巧克力冰激凌、巧克力蛋糕、巧克力布丁、巧克力果酱等。

任务三 碳酸饮料

任 务 描 述

通过学习，要求学生认识酒吧中常用的碳酸饮料，掌握碳酸饮料的分类方法，熟练掌握碳酸饮料的服务技能和碳酸饮料在混合饮料和鸡尾酒调制中的应用技能，培养学生的创新能力。同时通过市场调查，了解碳酸饮料市场的发展变化行情和市场需求，使学生具备适应行业发展与职业变化的能力。

碳酸饮料是在一定条件下充入二氧化碳气的饮品，不包括由发酵法自身产生的二氧化碳气的饮料。成品中二氧化碳气的含量（20℃时体积倍数）不低于2倍。

一、碳酸饮料的分类

按照我国软饮料的分类标准，碳酸饮料（汽水）分为：果汁型、果味型、可乐型、低热量型和其他型碳酸饮料。

第一，果汁型碳酸饮料。是指原果汁含量不低于2.5%的碳酸饮料，分清汁型和混汁型两类：如橘汁汽水、橙汁汽水、菠萝汁汽水或混合果汁汽水等。

第二，果味型碳酸饮料。以果香型食用香精为主要赋香剂，原果汁含量低于2.5%的碳酸饮料，如橘子汽水、柠檬汽水等。

第三，可乐型碳酸饮料。是用可乐果、柠檬酸、糖、焦糖色及香料等调制而成的一种饮料，如可口可乐、百事可乐。

第四，低热量型的碳酸饮料。指以甜味剂全部或部分代替糖类的各型碳酸饮料和苏打水，热量低于75 kJ/100 mL。

第五，其他型碳酸饮料。指含有植物抽提物或非果香型的食用香精为赋香剂以及补充人体运动后失去的电解质、能量等的碳酸饮料，如姜汁汽水、沙示汽水、运动汽水等。

二、世界著名的碳酸饮料

第一，可口可乐(Coca-Cola)。是由美国可口可乐公司出品的一种含有咖啡因的碳酸饮料。可口可乐不仅是全球销量排名第一的碳酸饮料，而且也是全球最著名的软饮料品牌，在全球拥有 48% 的极高市场占有率。

第二，百事可乐(Pepsi Cola)。是美国百事公司推出的美国第二大饮料品牌。也是可口可乐的主要竞争对手。

第三，红牛饮料(Red Bull)。如图 6-13 所示，源于泰国，全球最著名的能量饮料品牌。至今已有 40 多年的行销历史，产品行销全球 140 个国家和地区。

图 6-13　红牛饮料

第四，雪碧(Sprite)。中国驰名商标，可口可乐出品。畅销 190 多个国家，是全世界所有柠檬类软饮料中最畅销的品牌，也是世界排名第四的碳酸饮料。

第五，七喜(7-Up)。是 Dr Pepper/Seven Up 公司的柠檬汽水品牌。在美国境外，七喜是百事公司的注册商标。

第六，美年达(Mirinda)。是百事公司推出的一种果味碳酸饮料，美年达的口味包括有苹果、葡萄、橙、草莓、热情果、菠萝及西柚等，以橙味作为主要口味。在中东部分地区更有一种特制的"柑橘"口味。

第七，健力宝。如图 6-14 所示，中国驰名商标，广东健力宝集团出品。1984 年洛杉矶奥运会后一炮打响，被誉为"中国魔水"。健力宝率先为国人引入运动饮料的概念，其为广州 2010 年亚运会指定运动饮料。

图 6-14　健力宝

相关链接

碳酸饮料饮用宜忌

碳酸饮料含有二氧化碳，可助消化，并促进体内热气排出，具有清凉解暑、补充水分的功能。碳酸气体能增强饮料的风味和特色，清凉爽口。

饮用注意：碳酸饮料不适合在运动中饮用，尤其是在剧烈运动之后饮用，极易引起胃痉挛、呕吐等消化系统不适症。同时，一般碳酸饮料的糖分也偏高。高血压、心脏病、糖尿病患者不宜饮用；儿童、孕妇、哺乳期妇女最好禁用。

三、碳酸饮料的服务

第一，饮料的载杯应为海波杯并配以吸管和杯垫。

第二，碳酸饮料适宜温度为 4～8℃，因此在饮用前应冷藏，并在杯中加入冰块，里面可放一片柠檬加以调味。

第三，开瓶时不能摇动，避免饮料喷出溅到客人身上。

第四，不能将碳酸饮料放入雪克壶中调制鸡尾酒。

第五，一般斟倒 8 分满。

任务四　矿泉水

任务描述

通过学习，要求学生了解矿泉水的分类方法，认识酒吧中常用的矿泉水饮料，掌握矿泉水饮料的服务技能及其在混合饮料和鸡尾酒调制中的应用技能，培养学生的创新能力。同时通过市场调查，了解矿泉水饮料市场的发展变化行情和市场需求，使学生具备适应行业发展与职业变化的能力。

矿泉水（Mineral Water）是指含有适量矿物质成分的水，有钾、钠、钙、磷、铁、铜、锌、铝、锰等多种人体必需的微量元素和矿物质，它以水质好、无杂质、无污染、矿物质丰富而深受人们的欢迎。

一、矿泉水的分类

天然矿泉水。是指通过人工钻孔的方法引用的地下深层未受污染的水。

人工矿泉水。是通过人工方法过滤的矿化、除菌、加工而成的水。

二、世界著名的矿泉水

法国巴黎（Perrier）矿泉水。如图 6-15 所示，它的源泉位于法国南部的葡萄园区，是一种带气的天然矿泉水，无色无味，具有提神作用。有"水中香槟"之美称。巴黎矿泉水可用来代替苏打水调制混合饮料，目前是酒吧的必备品。

法国伟图（Vittel）矿泉水。产于法国的大自然保护区，没有任何工业和农业污染。它是一种无泡矿泉水，略带碱性；其水质纯正，被公认为世界上最佳的纯天然矿泉水。

法国依云（Evian）矿泉水。如图 6-16 所示，产自法国东南部依云莱班，是由世界上生产矿泉水的巨头 Evian 集团生产，以无泡、纯洁、略带甜味而著称，口味特别柔和。其水质纯净，富有均衡的矿物质，是世界上销售量第一的矿泉水。

图 6-15　巴黎水

中国崂山矿泉水。产自中国山东省。崂山矿泉水水质优良、洁净、不含杂质，矿物质丰富。青岛崂山牌矿泉水是我国第一家饮用矿泉水生产厂家。

中国五大连池矿泉水。中国的五大连池矿泉水被誉为世界三大冷矿泉之一，水质优良，有近20家矿泉水生产厂家使用同一水源生产各种各样的五大连池牌矿泉水。

三、矿泉水的饮用与服务要求

第一，比较讲究的饮用矿泉水的方式是低温饮用，而且是不加冰的。

图6-16　依云

第二，用水杯和高脚矿泉水杯上桌服务。

第三，饮用时可加柠檬或莱姆汁，使水的味道更好。

第四，在保质期内冷藏储存。

第五，可用来稀释酒类饮料，如威士忌。

四、其他饮用水

饮用水(Drinking Water)。先从政府允许的水源处取水，然后过滤或用其他方法处理再装瓶。

纯净水(Distilled Water)。通过蒸馏去除普通水里所含各种杂质和矿物质的水。

任务五　乳品饮料与果汁饮料

任 务 描 述

通过学习，要求学生认识酒吧中常用的乳品饮料与果汁饮料，掌握乳品饮料与果汁饮料的分类，熟练掌握乳品饮料与果汁饮料的服务技能及其在混合饮料和鸡尾酒调制中的应用技能，培养学生的创新能力。要求学生关注市场需求，具备适应行业发展与职业变化的能力。

一、乳品饮料

乳品饮料一般是牛乳或以牛乳为原料制成的各种饮料。

(一)乳品饮料的分类

1. 鲜奶饮料

其主要特征是经过杀菌消毒。常见的鲜奶饮料包括：纯牛奶、脱脂牛奶、高钙牛奶、加味型牛奶等。

2. 配制型含乳饮料

(1)以牛奶为原料加以蔗糖、香料、二氧化碳等配制而成的，如果奶、含乳汽水等。

(2)以牛乳或其制品为主要原料，加入糖类、蛋类、香料、稳定剂等，经混合配制、杀菌冷冻成为松软状的冷冻食品。如各种口味的冰激凌。

3. 发酵型含乳饮料

以鲜乳或乳制品为原料，经乳酸菌类培养发酵制得的乳液中加入水、糖液等调制而制得的制品。如酸奶和酸乳。

4. 奶粉

奶粉经高温制备，消毒彻底，蛋白质易于消化。

(二)乳品饮料的服务

乳品饮料一般应冷藏并密闭储存，并与有刺激性气味的食品隔离；冷藏时间不宜太长，应每天采用新鲜牛奶。

热奶服务。将奶加热到77℃以下，用预热过的杯子服务；加热时，不宜使用铜器皿，因为铜会破坏牛奶中的维生素C；牛奶加热过程中不宜放糖，否则牛奶和糖在高温下的结合物——果糖基赖氨酸，会严重破坏牛奶中蛋白质的营养价值；早餐的牛奶应和面包、饼干等食品搭配，避免与含草酸的巧克力混食。

热饮品一般用咖啡杯配咖啡勺服务；冷饮品应用海波杯配吸管、杯垫进行服务。杯中一般不加冰、牛奶等。

酸奶在低温下饮用风味最佳，酸奶应低温保存，而且保存时间不宜过长。

乳品饮料斟量一般为8分满。

冰激凌应冷藏在18℃以下，用专用的冰激凌碗和勺服务。

二、果汁饮料

果汁饮料即以水果为原料的不含酒精的饮料，各种果汁含有丰富的矿物质、维生素、糖类、蛋白质以及有机酸等物质，对人体有很好的营养滋补作用。

(一)果汁饮料的分类

1. 鲜榨果汁

即用新鲜水果放入榨汁机(Juice Squeezer)中现榨而成，一般保存时间较短，在冷藏箱中仅能存放24h。它可以直接单独饮用，因其新鲜并含有丰富的营养成分而在酒吧中价格较贵。餐厅或酒吧经常出售的鲜果汁有：橙汁、菠萝汁、柠檬汁、西柚汁、苹果汁、青柠汁、雪梨汁、草莓汁、椰子汁、葡萄汁、桃汁、甘蔗汁、番茄汁、西瓜汁等。

相关链接

鲜榨果汁的制作

选料：新鲜水果，充分成熟，无腐烂、无病虫害、无外伤。

清洗：一般用0.5%～1.5%的盐水或2%的高锰酸钾溶液浸泡数分钟，再用清水洗净。

　　榨汁前的处理：果实切割，对于果胶量多、果汁黏稠、榨汁较困难的水果，在切割后进行适当的热处理，即在 60～70℃的水温下浸泡，时间为 15～30 min。

　　调味：根据客人的要求，加入糖等调味物质。

2. 瓶(罐)装果汁

　　它也是 100%的原果汁，开瓶(罐)后即可食用。但需冷藏，其保存时间一般为 3～5 天(开瓶后)。酒吧中常用来调制鸡尾酒和混合饮料，比较容易存放。常用品种有：橙汁、菠萝汁、西柚汁、苹果汁、葡萄汁、番茄汁等。

3. 浓缩果汁

　　它的浓度较高，不能直接饮用，需加一定比例的水稀释，兑水的比例因需要而定，也需冷藏，开瓶(罐)后的浓缩果汁的保存期为 10～15 天，稀释后的果汁为 2 天左右。其口味不如鲜榨果汁和罐装果汁，酒吧使用较少，家庭使用较多。

(二)果汁饮料的服务

　　第一，果汁载杯为海波杯，配吸管和杯垫。

　　第二，果汁一般冷藏饮用，但不宜在杯中加冰块饮用。

　　第三，鲜榨果汁现喝现榨，榨汁用的新鲜水果应事先放入冰箱中冷藏。

　　第四，鲜榨果汁一般不加热饮用，尤其是西瓜汁。

　　第五，果汁斟量一般为 8 分满。

　　第六，青柠汁与红石榴汁主要用于调酒，一般不直接饮用。

综合实训

一、思考与练习

　　1. 名词解释

　　非酒精饮料　咖啡的烘焙　碳酸饮料

　　2. 填空题

　　(1)(　　　)与(　　　)、(　　　)一起被称为世界三大饮料。(　　　)是目前世界上最贵的不含酒精的饮料。

　　(2)泡一壶好茶，受(　　　)、(　　　)、(　　　)、(　　　)、茶叶用量等很多因素的影响。

　　(3)茶的泡制有四种方法，(　　　)、(　　　)、(　　　)、(　　　)。

　　(4)咖啡豆的烘焙大致可分为(　　　)、(　　　)、(　　　)三大类，而这三种烘焙又可细分为 8 个阶段。

　　(5)按照我国软饮料的分类标准，碳酸饮料分为：(　　　)型、(　　　)型、(　　　)型、(　　　)型和其他型碳酸饮料。

(6)碳酸饮料适宜温度为（　　　）℃，因此在饮用前应冷藏，并在杯中加入冰块，里面可放一片柠檬加以调味。

3. 选择题

(1)以下茶品中属于绿茶的是（　　　）。

A. 铁观音　　B. 白牡丹　　C. 龙井茶　　D. 碧螺春　　E. 黄山毛峰

(2)煮咖啡时，注意水与咖啡的比例，煮咖啡的比例是（　　　）。

A. 一份咖啡，两份水　　　　　B. 两份咖啡，两份水

C. 一份咖啡，三份水　　　　　D. 两份咖啡，一份水

(3)冲泡好的咖啡应保持在（　　　），太高或太低都不适合。

A. 75～80℃　　B. 85～90℃　　C. 80～88℃　　D. 84～83℃

4. 简答题

(1)简述茶叶、果汁饮料、乳品饮料的分类方法。

(2)简述茶叶、咖啡的名品与产地。

(3)简述咖啡的烘焙程度及特征。

二、实训

1. 非酒精饮料的识别与运用能力训练

实训目的：识辨各种非酒精饮料的风味特点，掌握非酒精饮料的出品和服务技能。

训练内容与要求：教师有针对性地进行技能示范，学生在教师的指导下进行实操训练。在酒吧常用非酒精饮料的基础上，学生收集各种非酒精饮料，以认识更多的饮品。

(1)茶叶的泡制和饮用服务。

(2)咖啡的调制和饮用服务。

(3)碳酸饮料的饮用服务。

(4)乳品饮料、果汁饮料的饮用服务。

(5)矿泉水的饮用服务。

2. 非酒精饮料(混合饮品)的创新能力训练

实训目的：提高学生对非酒精饮料出品和服务的兴趣，强化学生的服务技能，通过观摩交流激发学生的创新灵感和创业精神。

训练内容与要求：实操室提供一些常用的非酒精饮料，也可以由学生自带，在遵循非酒精饮料调制基本原理的基础上，进行混合饮料的配方设计，并现场表演调制出品。说明新款作品的口味特点和饮用方法。

3. 社会调查：非酒精饮料的发展行情和市场需求

实训目的：培养学生关注非酒精饮料的发展行情和市场需求，使学生具备适应行业发展与职业变化的能力。

训练内容与要求：学生从网上或饮料市场收集资料，了解现时较流行的非酒精

饮料品种。到饭店酒水部或酒吧进行实地调查，了解酒吧业对非酒精饮料的需求情况。

4. 卡布其诺咖啡的制作

实训目的：使学生掌握咖啡调制的基本方法和程序。

训练内容与要求：

材料：意大利咖啡 1 杯、鲜奶油适量、柠檬皮、玉桂粉、糖包。

制作方法：

步骤一，倒入冲泡好的意大利咖啡约 5 分满，然后将打过奶泡的热鲜奶倒至 8 分满。

步骤二，将钢杯上层的奶泡倒入即完成。再将切成细丁的柠檬皮、玉桂粉撒在表面，附糖包上桌。

项目七

鸡尾酒调制

项目介绍

　　本项目将为学生介绍鸡尾酒的起源和定义，鸡尾酒的构成及分类，鸡尾酒的调制步骤与方法。要求学生熟练掌握调酒技艺，在遵循鸡尾酒创作基本原理的基础上，乐于尝试，勤于实践，不断提升自己的创作能力和艺术修养。

任务一　鸡尾酒的认识

任务描述

　　本任务要求学生了解鸡尾酒的起源，理解鸡尾酒的定义，掌握鸡尾酒的构成及分类方法；并通过社会实践和实地观摩，了解市场发展动态、客人需求，为鸡尾酒的调制和酒吧服务打下良好的基础。

一、鸡尾酒的起源与定义

　　鸡尾酒（cocktail）是以一种或几种烈酒（主要是蒸馏酒和酿制酒）作为基酒，与其他配料如汽水、果汁等一起用一定方法调制而成的混合饮料。

　　按照定义，鸡尾酒即使酒味很甜或使用大量果汁调和，也不应偏离鸡尾酒的范畴，因为鸡尾酒既要刺激食欲，又要使人兴奋，创造热烈的气氛，否则就失去意义了，所以鸡尾酒必须有卓绝的口味。

　　最初的鸡尾酒饮料市场，主要为男人们独享的辣味饮料所占据。后来，随着鸡尾酒的广泛饮用和进入各种社交场合，为满足那些不能承受酒精的饮用者，才派生了适合妇女口味的甜味饮料。到了美国的禁酒时代，制作无酒精混合饮料的技术突飞猛进，从而奠定了今天的苏打类饮料的基础，当时称为软饮料。它利用鸡尾酒的调制形式，调制成无酒精饮料。

相关链接

　　鸡尾酒起源于美洲，这是大部分史料所承认的，时间大约是18世纪末或19世纪初。关于鸡尾酒一词的由来，有人说鸡尾酒一词最先出现在美国独立战争时期的一个小客栈；有人说鸡尾酒是最先出现在18世纪美国水手的航行生涯中；有人说由于构成鸡尾酒的原料种类很多，而且颜色绚丽、丰富多彩，如同公鸡尾部的羽毛一样美丽；有人说鸡尾酒一词源于法语单词"COQUE-TEL"，据说这是一种产于法国波尔多地区经常被用来调制混合饮料的蒸馏酒；有人说这个词是悄然出现于20世纪的斗鸡比赛中，因为当时每逢斗鸡比赛一定是盛况空前，获得最后胜利的公鸡的主人会被组织者授予奖品或者更确切地说是战利品——被打败的公鸡的尾毛。当人们向胜利者敬酒时，贺词往往会说："On the Cock's Tail！"

　　第一次有关"鸡尾酒"的文字记载出现在1806年，美国的一本叫《平衡》的杂志，记载了鸡尾酒是用酒精、糖、水（或冰）或苦味酒混合而成的饮料。

　　鸡尾酒非常讲究色、香、味、形的兼备，故又称艺术酒。鸡尾酒不仅具有酒的基本特性，而且还具有一般饮料所具有的营养、保健功能。鸡尾酒以其多变的口味、华丽的色泽、美妙的名称，以及适合任何场合饮用的广泛适应性，为大多数人所喜爱。

二、鸡尾酒的构成及分类

（一）鸡尾酒的构成

一款色、香、味俱佳的鸡尾酒通常是由基酒、辅料和配料与装饰物三部分构成的。

1. 基酒

基酒又称酒基或酒底，主要以烈性酒为主，如金酒、威士忌、朗姆酒、伏特加、白兰地和特基拉等蒸馏酒，也有少量鸡尾酒是以葡萄酒或利口酒为基酒的。基酒决定了一款鸡尾酒的主要风味，所以其含量不应少于一杯鸡尾酒总容量的1/3。在有些情况下，也可用两种烈性酒为基酒，但不能用更多种类的烈性酒，否则会导致气味混杂而破坏酒味。

中式鸡尾酒一般以茅台酒、汾酒、五粮液、竹叶青等高度酒作为基酒。

2. 辅料、配料

辅料又称调和料，是指用于冲淡、调和基酒的原料。辅料与基酒混合后就能展示一款鸡尾酒的特色。常用的辅料主要包括两种：一种是配酒，是调酒中必不可少的加色加味剂，主要包括开胃酒类、葡萄酒类、香槟及利口酒类；另一种是调缓溶液，其作用主要是使酒体度数下降，但不改变酒体风味，主要包括鲜果汁、可乐饮料、姜汁、汤力水、苏打水、矿泉水等。

配料是指一些用量较少但能体现鸡尾酒特色的材料，常用的配料有盐、胡椒粉、糖粉或糖浆、淡奶、辣椒油、奶油、玉桂粉、豆蔻粉、鸡蛋、洋葱等。

3. 装饰物

装饰物主要起点缀、增色作用。标准的鸡尾酒均有规定的并与之相适应的点缀饰物。即使其他配方相同，只是点缀饰物不同，鸡尾酒名也会不同。

（1）杯口装饰。如图 7-1 所示，绝大部分由水果制作而成，其特点是漂亮、直观，给人以活泼、自然的感觉，使人赏心悦目，它既是装饰品，又是美味的佐酒品。

（2）盐边、糖边。如图 7-2 所示，对于某些酒品如玛格丽特等，这种装饰即造霜，是必不可少的，它既美观，又是不可缺少的调味品。很多不同的材料都可以用来造霜。可以将咖啡粉、朱古力粉或桂皮与糖混合来造霜。造霜的方法：彻底洗净和擦干玻璃杯。倒一些食盐或粗盐在一个较杯直径大的碟或碗中。紧握倒转的酒杯，将湿润的杯边蘸上盐，使盐均匀地粘在杯边。若盐霜不均匀，多蘸几次即可。

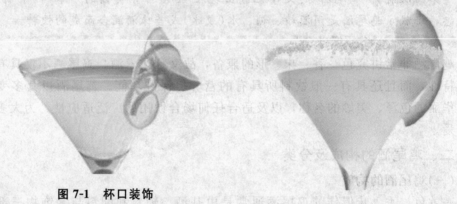

图 7-1　杯口装饰

图 7-2　盐边

（3）杯中装饰。装饰物大部分是由水果制作的，适用于澄清的酒杯，它普遍具有装饰和调味的双重作用。如图 7-3 所示的装饰水果为橄榄。当然也有特殊的杯中装饰物，如豆蔻粉，撒在饮品表面。

（4）调酒棒。这种棒可特制，带有各式的图案，富有纪念性和装饰性（见图 7-4）。它对鸡尾酒具有点缀作用，同时又具有一定的实用性。

（5）酒杯的品种、花色。既具有载酒功能，又是鸡尾酒很好的衬托品。

此外，如小伞、彩带、鲜花、树叶也经常被选用。

图 7-3　杯内装饰橄榄

图 7-4　调酒棒

相关链接

饮品装饰的规律

　　装饰物形状要与杯形相协调。平底直身杯或高大矮脚杯，除了吸管、调酒棒等实用型装饰物外，同时常用大型的果片、果皮或花瓣来装饰，在此基础上可用樱桃、草莓等小型果实作复合辅助装饰；用古典杯时，在装饰上要体现传统风格。常常是将果皮、果实或一些蔬菜直接投入到酒杯中；高脚鸡尾酒杯或香槟杯常常用樱桃、橘片直接点缀于杯边或用鸡尾酒签串起来悬于杯上，表现出小巧玲珑又丰富多彩的特色。

　　装饰物的色香味必须同酒品原有的色香味相协调。能影响鸡尾酒口味的辅料以某种果蔬汁或香甜酒为主时，就选用同类果蔬或香料植物来装饰。例如一杯酸甜口味的鸡尾酒应采用柠檬片来装饰。从外观上看，装饰物的颜色应与鸡尾酒色调保持和谐，如"红粉佳人"用红樱桃装饰，而"巴黎初夏"则用绿樱桃装饰，给客人以赏心悦目的艺术感受。

　　切忌画蛇添足。鸡尾酒的装饰要严格遵循配方的要求，宁缺毋滥，有时装饰物的改变会改变饮品的名称。自创鸡尾酒的装饰物也应以简洁、协调为原则，切忌喧宾夺主。

　　有几种情况不需要装饰：酒品表面有浓乳时，飘若浮云的浓乳本身就是最好的装饰；彩虹酒即层色酒：本身已具有五彩缤纷的酒色；保持特殊意境的酒品。

　　善于用饰物传情达意，突出主题。对新创饮品，调酒师应充分发挥自己的想象力和创造力，除了考虑客人的口味，要善用装饰物来传情达意，突出作品的主题。

（二）几种常见装饰物的制作

1. 柠檬和橙的切法与装饰法

（1）圆形柠檬片、橙片。先将柠檬或橙横向切片，然后直接投入载杯内做装饰；

也可再沿半径切出一个开口，然后挂杯；还可将切好的柠檬片或橙片的果皮和果肉分开(只留最上面不切)，然后让果皮悬在杯外，果肉留在杯内。

(2)半圆形柠檬片、橙片。先将柠檬或橙横切成半圆形片，然后挂在杯口装饰。

(3)柠檬块、橙块。先将柠檬或橙纵向切成1/8，然后用刀将果肉与果皮分开(只留最上面不切)，再让果皮悬在杯外，果肉留在杯内挂杯，也可以切出的形状嵌在杯口。

(4)螺旋形柠檬皮。将柠檬皮削成螺旋形，挂在杯边，使果肉垂入杯内。

(5)柠檬皮和红樱桃。将柠檬的果肉挖空，然后用鸡尾酒签同红樱桃穿在一起横放于杯口。

(6)酒签穿橙(柠檬)片和红樱桃。将橙片或柠檬片切成1/2，然后用酒签连同红樱桃一起穿起来，直接投入杯中。

2. 菠萝的切法和装饰法

(1)菠萝条的切法。将菠萝纵向切成1/4，再切成细长条，并除去外皮，切成适当的厚度后，用酒签穿起来作装饰。

(2)菠萝块的切法。将菠萝横向切成厚度适当的块，去皮，再取1/8，切成一小块，用酒签连同红樱桃一起穿起作装饰。

(3)带叶菠萝块。将菠萝横向切成两半，去皮，再纵切成1/8厚的片，菠萝片、开口挂在杯边。

3. 芹菜的切法和装饰方法

先洗净芹菜根部的泥土，去老叶，嫩叶可留用，将芹菜杆纵切成两半(不是很粗的杆可以不纵切)，测量酒杯的高度，将芹菜切成长短适宜的段备用。切好后暂时不用的需浸在干净的水中，以防止变色。

4. 橄榄的装饰方法

用酒签插一粒橄榄，然后投入杯内作装饰。

5. 樱桃的装饰方法

(1)小樱桃挂杯。将小樱桃开一小口挂于杯口即可。

(2)酒签穿樱桃。用酒签插一粒樱桃，然后投入杯内作装饰即可。

(3)吸管穿红樱桃。用吸管穿入红樱桃当中，并将红樱桃提至吸管打弯处，剔除吸管中的果肉后放入杯内即可。

6. 酒签穿小洋葱

同酒签穿樱桃。

7. 盐圈杯和糖圈杯

将杯口在柠檬切面上浸湿，然后倒扣在装有盐粉或糖粉的碟子中转动，使杯口均匀地沾上盐霜或糖粉。

8. 酒面上撒豆蔻粉

在调好的酒液中，均匀地撒少许豆蔻粉即可。

(三)鸡尾酒的分类

鸡尾酒的分类及特点见表 7-1。

表 7-1　鸡尾酒的分类

分类 \ 项目		特　点	例酒	图示
按酒精含量分类	短饮类 (short drink)	短时间喝的鸡尾酒，在调好后 10~20 min 饮用为好。短饮酒精含量较高，基酒所占比重在 50% 以上，甚至 70%~80%，大部分酒精度是 30° 左右。香料味浓重，放置时间不宜过长	旁车 (Side-Car)	
	长饮类 (long drink)	适于消磨时间悠闲饮用的鸡尾酒。在调好后 30 min 左右饮用为好。用烈酒、果汁、汽水等混合调制，是一种温和的混合酒，基酒所占比重轻、酒精含量 8% 左右，可放置较长时间不变质	金汤力 (Gin Tonic)	
	热饮类 (hot drink)	与其他混合饮料最大的区别是用沸水、咖啡或热牛奶冲兑，如托地(Toddy)、热顾乐(Grog)等	爱尔兰咖啡 (Irish Coffee)	
按鸡尾酒的基酒分类	以金酒为基酒的鸡尾酒	是以金酒为基酒调制的各款鸡尾酒，如马天尼(Dry Martini)、红粉佳人(Pink Lady)等	红粉佳人 (Pink Lady)	
	以威士忌为基酒的鸡尾酒	是以威士忌为基酒调制的各款鸡尾酒，如酸威士忌(Whiskey Sour)、曼哈顿(Manhattan)等	锈铁钉 (Rusty Nail)	

分类 \ 项目		特　点	例酒	图示
按鸡尾酒的基酒分类	以白兰地为基酒的鸡尾酒	是以白兰地为基酒调制的各款鸡尾酒，如亚历山大（Alexander）等鸡尾酒	白兰地亚历山大（Brandy Alexander）	
	以伏特加为基酒的鸡尾酒	是以伏特加为基酒调制的各款鸡尾酒，如咸狗（Salty Dog）、血红玛丽（Bloody Mary）等	血红玛丽（Bloody Mary）	
	以朗姆酒为基酒的鸡尾酒	是以朗姆酒为基酒调制的各款鸡尾酒，如自由古巴（Cube Libra）等	自由古巴（Cuba Libre）	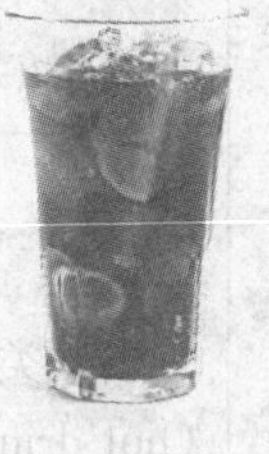
	以特基拉为基酒的鸡尾酒	是以特基拉为基酒调制的各款鸡尾酒，如玛格丽特（Margarite）等	玛格丽特（Margarita）	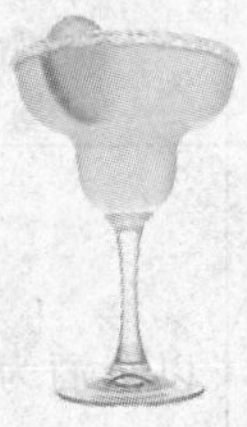
	以香槟为基酒的鸡尾酒	是以香槟为基酒调制的各款鸡尾酒，如香槟鸡尾酒（Champagne Cocktail）等	古典香槟（Classic Champagne）	

续表

项目 分类		特　点	例酒	图示
按鸡尾酒的基酒分类	以利口酒为基酒的鸡尾酒	是以利口酒为基酒调制的各款鸡尾酒，如彩虹鸡尾酒等	可可费斯 （Cacao Fizz）	
	以葡萄酒为基酒的鸡尾酒	是以葡萄酒为基酒调制的各款鸡尾酒，如凯尔等	凯蒂高球 （Kitty High-ball）	

另外，按饮用时间和场合分餐前鸡尾酒、餐后鸡尾酒、晚餐鸡尾酒、派对鸡尾酒、夏日鸡尾酒等。绝大多数鸡尾酒和部分混合饮料都可作为开胃提神的餐前饮料。餐后饮品主要是指含糖较高的甜味饮品。

任务二　鸡尾酒调制

 任务描述

本任务将引领学生学习鸡尾酒调制的基本原理，掌握鸡尾酒调制的步骤与基本方法，熟记经典鸡尾酒配方和出品流程，同时要学习酒品的品尝鉴赏艺术，从而更好地服务于酒品调制。

一、鸡尾酒调制的基本原理

第一，任何一款鸡尾酒必须严格按照配方调制。

第二，鸡尾酒的基本结构是基酒、辅料（配料）和装饰物。鸡尾酒主要是以烈性酒作为基酒，辅助以调缓料、调香调色调味料等调配而成，并饰以装饰物。

第三，调制时中性风格的烈性酒可以与绝大多数风格和滋味各异的酒品、饮料相配，调制成鸡尾酒。从理论上讲，鸡尾酒是一种无限种酒品之间相互混合的饮料，这也是鸡尾酒的一个显著特征。

第四，风格、滋味相同或近似的酒品相互混合调配是鸡尾酒调制的一个普遍规律。风格、味型突出并相互抵触的酒品，如果香型与药香型，一般不适宜相互混合。

第五，调制鸡尾酒时，投料的前后顺序以冰块—辅料—基酒为宜，但采用电动搅拌机调制鸡尾酒时，冰块或碎冰通常最后才加入。

第六，以色浓、味浓而无气的酒为基酒而组成的鸡尾酒需摇，以色淡、味淡而有气的酒为基酒而组成的鸡尾酒需搅。

相关链接

鸡尾酒的配方(cocktail recipe)

鸡尾酒的标准配方包括：基酒的数量、调辅料及附加成分的数量、所用载杯、装饰物及装饰方法。饮品的标准配方是通过谨慎地计算各种成分的用量和合理选用载杯及装饰物而得出的。配方的表现形式有两种。

第一种是按照国际惯例，根据鸡尾酒的标准口味确定用料间的比例。这是因为酒杯的大小不能统一。一杯酒以 10 份作为量的单位，5/10 表示所要调制的酒的份额的一半。

第二种是酒杯的容量已经固定，根据固定的容量和鸡尾酒口味的比例来确定各种材料的具体用量，如 1.5 OZ 或 42 mL，这种方式适用于一个固定的酒吧或同一宾馆饭店中的不同酒吧以达到鸡尾酒口味的一致。

不管使用哪种配方的表现形式，都不能改变鸡尾酒的标准口味。

二、鸡尾酒调制的方法与步骤

(一)调制鸡尾酒的方法

鸡尾酒的调制方法多种多样，当今流行的主要有以下四种。

1. 兑和法

兑和法(building)是将酒按不同的密度缓慢倒入杯内，形成层次度。一般所熟悉的彩虹酒就是这样调出来的。

(1)用具。吧匙(bar spoon)、量酒器(jigger)、调酒杯(mixing glass)等。

(2)方法及程序。操作时，不可将酒直倒入杯中。为了减少倒酒时的冲力，防止色层融合，可用调酒棒或调酒匙斜插入杯内，慢慢地沿着调酒棒或调酒匙倒入酒杯，或使酒从杯内壁缓缓流下。

(3)要求及注意事项。操作时，动作要轻，速度要慢，要避免摇晃；要熟悉各种酒水的密度，将密度大的酒水先倒入杯中；各种颜色的酒量要相等，看上去各色层次均匀分明，色彩绚丽；配制成的彩虹酒，不宜久放，避免酒色互相渗透融合。

兑和法鸡尾酒配方见表7-2。

表7-2　兑和法鸡尾酒配方

序号	名称	配料	容器	饰物	调配方法
1	特基拉日出（Tequila Sunrise）	特基拉1 OZ，橙汁适量，石榴糖浆0.5 OZ	鸡尾酒杯或海波杯	橙片	在高脚杯中加适量冰块，量入特基拉酒，兑满橙汁，然后沿杯壁放入石榴糖浆，使其沉入杯底，并使其自然升起呈太阳喷薄欲出状
2	金汤力（GinTonic）	金酒1/4，汤力水3/4（按比例）	海波杯	柠檬片	将金酒倒入海波杯中，在杯中加入冰块，用汤力水注满，最后在杯中加入柠檬薄片进行装饰
3	七色彩虹（seven colour rainbow）	石榴汁1/7，绿薄荷1/7，咖啡酒1/7，加利安奴1/7，蓝橙1/7，白橙皮（君度）1/7，白兰地1/7（按比例）	利口杯	无	使用吧匙的背面，慢慢依次分层滴入各种酒液。出品时可用火点燃最上面的白兰地产生淡蓝色的火焰
4	B-52轰炸机（B-52 Bomber）	1 OZ咖啡利口酒，1 OZ百利甜酒或牛奶，1 OZ伏特加	利口杯	无	咖啡利口酒垂直倒入杯中，尽量不要沾到杯壁；沿吧匙背依次缓慢倒入百利甜酒和伏特加。最上层点燃出品
5	天使之吻（Angels Kiss）	可可利口酒1 OZ，牛奶1 OZ	利口杯	酒签穿樱桃	通过吧匙引导、沿着酒杯内侧将可可利口酒倒入利口酒杯中，慢慢倒入鲜奶油，使其悬浮在可可利口酒上面
6	黑俄罗斯（Black Russian）	伏特加1.25 OZ，咖啡甜酒1 OZ	古典杯	无	先将碎冰块放入酒杯，再先后倒入伏特加和咖啡甜酒
7	姗蒂（Shandy）	5 OZ生啤酒，5 OZ雪碧汽水	柯林杯	橙角、樱桃	把基酒和辅料倒入杯内，加橙角、樱桃装饰

2. 调和法

调和法（stiring）又称搅拌法，是将材料倒入调酒杯中，用吧匙充分搅拌的一种调酒法。

（1）用具。吧匙、量酒器、调酒杯、滤冰器等。

（2）方法及程序。先把冰块加入调酒杯，再将原料按配方分量倒入调酒杯中，然后使用搅拌法调制酒品：用左手握杯底，右手按握"毛笔"姿势拿吧勺，使吧勺勺背沿着调酒杯的内侧按顺时针迅速旋转搅动 10～15 rad，使酒均匀冷却。倒酒时，用滤冰器过滤冰块，这种方法被称为"调和滤冰"；有些酒采用此法调制时不需要滤冰，则被称为单纯的"调和"。

（3）要求及注意事项。严格按配方调制，搅拌时间不能太短或太长。

调和法鸡尾酒配方见表 7-3。

表 7-3　调和法鸡尾酒配方

序号	名称	配料	容器	饰物	调配方法
1	秀兰·邓波儿（Shirley Temple）	石榴糖浆 1 茶匙，干姜水补足剩余	海波杯	柠檬片	将石榴糖浆倒入海波杯中，用干姜水注满酒杯，轻轻调和，加入冰块后，用柠檬片放入杯中进行装饰
2	尼克罗尼（Negroni）	金酒 2 OZ，金巴利酒 1 OZ，甜味美思 1 OZ	鸡尾酒杯	柠檬片	先把冰块加入调酒杯中，用量杯将三种酒按配方量入杯中，用酒吧匙搅拌 5 min，过滤冰块，把酒倒入鸡尾酒杯中，最后削一片长柠檬皮，轻扭 90°角，垂入杯中装饰
3	自由古巴（Cuba Liberty）	深色朗姆酒1.5 OZ，青柠汁 0.5 OZ，可口可乐	柯林杯	柠檬片	在柯林杯内加入三块冰块，并放入一片柠檬片，然后加入朗姆酒和青柠汁，用可乐加满酒杯
4	锈铁钉（Rusty Nail）	苏格兰威士忌 1 OZ，杜林标利口酒 1 OZ	三角鸡尾酒杯	柠檬片挂杯	将冰块放入三角鸡尾酒杯中，放威士忌和杜林标，轻轻搅拌即可
5	螺丝钻（Screwdriver）	伏特加 1.5 OZ，鲜橙汁 4 OZ	古典杯	橙片	将碎冰置于古典杯中，注入酒和橙汁，搅匀，以鲜橙点缀
6	得其利（Daiquiri）	淡朗姆 1.5 OZ，柠檬汁 0.5 OZ，砂糖 1/2 匙	碟形鸡尾酒杯或古典杯	鲜柠檬皮	将上述材料加冰搅匀后滤入碟形鸡尾酒杯，或加有冰块的古典杯内，必要时可多加点糖，用一块鲜柠檬皮装饰

续表

序号	名称		配料	容器	饰物	调配方法
7	曼哈顿 (Manhattan)	干曼哈顿 (Dry Manhattan)	黑麦威士忌 1 OZ，干味美思 2/3 OZ，安哥斯特拉苦精 1 滴	鸡尾酒杯	红樱桃	在调酒杯中加入冰块，注入上述酒料，搅匀后滤入鸡尾酒杯，用樱桃装饰
		中性曼哈顿 (Medium Manhattan)	黑麦威士忌 1 OZ，干味美思 0.5 OZ，甜味美思 0.5 OZ，安哥斯特拉苦精 1 滴	鸡尾酒杯	红樱桃，柠檬片	在调酒杯中加入冰块，注入上述酒料，搅匀后滤入鸡尾酒杯，用一颗樱桃和一片柠檬片进行装饰。"中性曼哈顿"又称为"完美型曼哈顿"
		甜曼哈顿 (Sweet Manhattan)	黑麦威士忌 1 OZ，甜味美思 2/3 OZ，安哥斯特拉苦精 1 滴	鸡尾酒杯	红樱桃	在调酒杯中加入冰块，注入上述酒料，搅匀后滤入鸡尾酒杯，用樱桃装饰
8	马天尼 (Martini)	干马天尼 (Dry Martini)	金酒 1.5 OZ，干味美思 5 滴	鸡尾酒杯	橄榄、柠檬皮	加冰块搅匀后滤入鸡尾酒杯，用橄榄和柠檬皮装饰。如果将装饰物改成"珍珠洋葱"，干马天尼就变成"吉普森"了
		甜马天尼 (Sweet Martini)	金酒 1 OZ，甜味美思 2/3 OZ	鸡尾酒杯	红樱桃	加冰块搅匀后滤入鸡尾酒杯，用一颗红樱桃装饰
		中性马天尼 (Medium Martini)	金酒 1 OZ，干味美思 0.5 OZ，甜味美思 0.5 OZ	鸡尾酒杯	红樱桃、柠檬皮	加冰块搅匀后滤入鸡尾酒杯，用樱桃和柠檬皮装饰。"中性马天尼"又称为"完美型马天尼"（Perfect Martini）
9	薄荷宾治 (Peppermint Punch)		绿薄荷酒 1 OZ，白朗姆 0.5 OZ，菠萝汁 3 OZ，橙汁 2 OZ，青柠汁 2 OZ，苏打水	海波杯或水杯	菠萝片，红樱桃	先将冰块和材料放入杯内调匀，加苏打水至满，菠萝片放于杯边，吸管串红樱桃放入杯中
10	汤姆柯林士 (Tom Collins)		金酒 1.5 OZ，青柠汁 1/2 OZ，鲜柠檬汁 1/2 OZ，苏打水少许	柯林杯	柠檬片挂杯，吸管穿红樱桃放入杯中	先将适量冰块放入柯林杯中，再依次将金酒、鲜柠檬汁、青柠汁放入杯中，调和均匀，最后冲入苏打水至 8 分满，调和

续表

序号	名称	配料	容器	饰物	调配方法
11	血红玛丽 (Bloody Mary)	伏特加酒 1.5 OZ，李派林 1/4 OZ，鲜柠檬汁 1/4 OZ，辣椒汁 4 滴，精盐少许，胡椒粉少许，番茄汁 4 OZ	古典杯	柠檬片挂杯或杯中放入芹菜杆一段	在古典杯中放入适量冰块，再依次放入上述材料调和均匀
12	大吉利 (Daiquiri)	朗姆酒 1.5 OZ，青柠汁 3/4 OZ，君度酒 1/4 OZ	阔口香槟杯	柠檬片放在酒面上	将适量碎冰块放入阔口香槟杯中，再依次加入上述材料，调和均匀即可
13	红眼睛 (Red Eyes)	啤酒 8 OZ，番茄汁 2 OZ	啤酒杯	无	将冰冷的番茄汁倒入酒杯中，加满冰啤酒后，仔细搅匀即可。不加装饰

3. 摇和法

摇和法(摇荡法)(shaking)是调制鸡尾酒最普遍而简易的方法，将酒类材料及配料冰块等放入调酒壶内，用劲来回摇动，使其充分混合即可，能去除酒的辛辣，使酒温和且入口顺畅。

(1)用具。调酒壶(shaker)、滤冰器、量酒器等。

(2)方法及程序。先把冰块加入调酒壶，再将原料按配方分量倒入调酒壶中，盖好调酒壶后摇壶。当调酒壶的表面涂上一层薄薄的霜雾时，应立即打开壶盖，然后用食指托住滤网，将其倒入事先冰镇的酒杯中。

①单手摇壶。右手食指按住壶盖，用拇指、中指、无名指夹住壶体两边，手心不与壶体接触。摇壶时，尽量使手腕用力，使壶按"S"型或"三角"型等方向摇动。要求：力量要大、速度快、节奏快、动作连贯。

②双手摇壶。左手中指按住壶底，拇指按住壶中间过滤盖处，其他手指自然伸开。右手拇指按住壶盖，其余手指自然伸开固定壶身。壶头朝向自己、壶底朝外，并略向上方。摇壶时可在身体左上方或正前上方。要求两臂略抬起，呈伸曲动作，手腕呈三角形摇动。

(3)要求及注意事项。如果原料中有碳酸类饮料，一定要在搅拌完毕后再加；对奶油、鸡蛋等不易混合的材料，要大力摇匀；手掌绝对不可紧贴调酒壶，否则手温会透过调酒壶，使壶体内的冰块融化，导致鸡尾酒变淡。

摇和法鸡尾酒配方见表 7-4。

表 7-4　摇和法鸡尾酒配方

序号	名称	配料	容器	饰物	调配方法
1	新加坡司令（Singapore Sling）	金酒 1 OZ，柠檬汁 1/3 OZ，砂糖或糖浆 2 匙，樱桃白兰地 1/6 OZ，苏打水	海波杯	橙片、红樱桃	将金酒、柠檬汁、砂糖或糖浆和冰块摇匀后倒入杯中；加入冰块，注满苏打水，最后在杯中沿杯边注入樱桃白兰地
2	长岛冰茶（Long Island Iced Tea）	金酒 0.5 OZ，朗姆酒 0.5 OZ，伏特加 0.5 OZ，龙舌兰 0.5 OZ，柠檬汁 1 OZ，砂糖 2 茶匙，可乐适量	柯林杯	柠檬片	将除可乐以外的所有材料放入调酒壶中摇匀后倒入杯中，再加入可乐至 8 分满。最后用柠檬片装饰
3	青草蜢（Grasshopper）	白可可甜酒 2/3 OZ，绿薄荷甜酒 2/3 OZ，鲜奶油（或炼乳）2/3 OZ	鸡尾酒杯	红樱桃	将所有材料充分摇匀，使甜酒和鲜奶油充分混合，滤入鸡尾酒杯，用一颗樱桃进行装饰
4	旁车（Side-Car）	白兰地 1.5 OZ，君度 0.5 OZ，柠檬汁 0.5 OZ	鸡尾酒杯	红樱桃	将所有材料摇匀后滤入三角鸡尾酒杯，将红樱桃插在杯口做装饰
5	教父（God Father）	波本威士忌 1 OZ，青柠汁 0.5 OZ，红石榴汁 0.5 OZ	鸡尾酒杯	橙片	将所有材料充分摇匀后注入鸡尾酒杯，装饰橙片
6	红粉佳人（Pink Lady）	金酒 1.5 OZ，柠檬汁 0.5 OZ，石榴糖浆 2 匙，蛋白 1 个	三角鸡尾酒杯	红樱桃挂杯	将所有材料加冰摇匀至起泡沫，后滤入三角鸡尾酒杯，以红樱桃点缀
7	梦幻勒曼湖（Fantastic Leman）	清酒 3/10，樱桃酒 1/20，柠檬汁 1/20，汤力水 4/10，蓝色柑香酒微量，白色柑香酒 1/5（按比例）	红酒杯	无	将清酒、冰块、白色柑香酒、樱桃酒与柠檬汁倒入调酒壶中，摇匀后倒入杯中，加满汤力水，再将蓝色柑香酒慢慢沿杯边倒入杯底
8	雪球（Snowball）	干金酒 1 OZ，紫罗兰甜酒 0.25 OZ，白薄荷酒 0.25 OZ，茴香酒 0.25 OZ，鲜牛奶 0.25 OZ	海波杯	无	将所有材料倒入调酒壶中摇匀后倒入杯中

续表

序号	名称	配料	容器	饰物	调配方法
9	白兰地亚历山大（Brandy Alexander）	白兰地 1 OZ，百利甜酒 1 OZ、牛奶 1 OZ、奶油少许	鸡尾酒杯	可可粉	将白兰地、百利甜酒、牛奶、奶油放入调酒壶内摇匀，倒入鸡尾酒杯中，可可粉点缀
10	玛格丽特（Margarita）	特基拉酒 1 OZ，君度酒 1/2 OZ，青柠汁 1/2 OZ，鲜柠檬汁 1/2 OZ	三角鸡尾酒杯	杯口盐霜	首先制作盐圈杯备用，将适量冰块放入调酒壶中，再将上述材料依次放入壶中，用力摇匀至冷，滤入载杯
11	可可费斯（Cacao Fizz）	可可利口酒 45 mL，柠檬汁 15 mL、糖水 10 mL、苏打水 90 mL	海波杯	柠檬角放入杯中装饰	将冰块、可可利口酒、柠檬汁、糖水放入调酒壶，摇匀滤入海波杯中，加苏打水至 8 分满
12	环游世界（Around The World）	金酒 1.5 OZ，绿薄荷 0.5 OZ，菠萝汁 2 OZ	香槟杯	绿樱桃卡杯口	将所有材料倒入调酒壶中摇匀后倒入杯中，用樱桃做装饰。由于分量比较多，调酒壶放半壶冰块。摇壶时间要短
13	蓝色夏威夷（Blue Hawaii）	1 OZ 白色朗姆酒，1 OZ 蓝橙香甜酒，2 OZ 菠萝汁，适量雪碧	碟形香槟杯	红樱桃菠萝块	除雪碧外，将其他材料放入摇酒器中加冰摇匀，倾入碟形香槟杯，加入雪碧，装饰菠萝块、红樱桃和小雨伞
14	金菲士（Gin Fizz）	金酒 2 OZ，柠檬汁 0.5 OZ，糖水 0.5 OZ，蛋清一个，苏打水 80%	柯林杯	柠檬片挂杯，吸管穿红樱桃	先将冰块放入调酒壶内，依次将金酒、鲜柠檬汁、鸡蛋清放入壶中用力摇匀至冷，再滤入柯林杯，最后冲入苏打水至满
15	威士忌酸（Whisky Sour）	威士忌 1.5 OZ，柠檬汁 0.5 OZ，砂糖 1 匙	海波杯	柠檬片，红樱桃	用摇和滤冰法，将上述材料加冰搅匀后滤入海波杯中，并加满冰苏打水，用一片柠檬片和一颗红樱桃装饰

续表

序号	名称	配料	容器	饰物	调配方法
16	白俄罗斯 (White Russian)	伏特加 1.25 OZ，咖啡甜酒 1 OZ，淡奶 1 OZ	古典杯	无	先将适量碎冰放入古典杯中，再将冰块和上述材料放入调酒壶中，用力摇和至冷，滤入载杯

4. 搅和法

搅和法（blending）当调制的酒品中含有水果块或固体食物时，如调制香蕉得奇利（Banana Daiquiri），可用电动果汁机或搅拌器调制。

（1）用具。电动搅拌机（Blender）、滤冰器、量酒器、冰夹（ice tong）等。

（2）方法及程序。搅和法的调制过程是将碎冰、基酒、辅料和配料放入电动搅拌机中，开动搅拌机运转 10～15 s，使各种原料充分混合后倒入合适的载杯（无须滤冰），用装饰物加以点缀。

（3）要求及注意事项。用电动法调酒，速度快、省力，但调出的饮品味道不及手摇调酒壶调出的柔和；如果原料中有碳酸类饮料，一定要在搅拌完毕后再加。

搅和法鸡尾酒配方见表 7-5。

表 7-5　搅和法鸡尾酒配方

序号	名称	配料	容器	饰物	调配方法
1	莱姆酸奶 (Lime Yogurt)	莱姆糖浆 1.5 OZ，酸奶 1.5 OZ，雪碧 1.5 OZ	柯林杯	无	将所有原料倒入搅拌机内，用碎冰机碎适量冰块，加入搅拌机内打匀倒入柯林杯中，放入吸管与调酒棒
2	冰冻日出 (Ice Sunrise)	特基拉酒 1.5 OZ，青柠汁 0.5 OZ，红糖水 0.5 OZ，碎冰半杯	古典杯	柠檬去皮一片	将所有原料倒入搅拌机搅匀倒入加有半杯冰块的柯林杯中
3	白兰地奶露 (Brandy Egg Nogg)	白兰地 1 OZ，鲜牛奶 4 OZ，鸡蛋黄 1 个，白糖浆 0.5 OZ，豆蔻粉	柯林杯或红葡萄酒杯	酒液面上撒豆蔻粉	先将半杯碎冰加在搅拌机里，然后将白兰地和辅料都放进去，搅拌 10 s 后，倒入杯中，在酒液面上撒豆蔻粉

续表

序号	名称	配料	容器	饰物	调配方法
4	冰冻蓝色玛格丽特 (Frozen Blue Margarita)	特基拉酒 1 OZ, 蓝色柑香酒 0.5 OZ, 砂糖 1 匙, 细碎冰 3/4 杯, 盐适量	鸡尾酒杯	盐边	制作盐口鸡尾酒杯(用柠檬一片, 擦湿鸡尾酒杯口, 铺薄盐在圆盘上, 将杯口倒置, 轻沾满盐备用)。用碎冰机打碎适量冰块, 将原料加入搅拌机内, 打匀倒入盐口鸡尾酒杯
5	香蕉得奇利 (Banana Daiquiri)	淡朗姆酒 0.5 OZ, 香蕉利口酒 0.5 OZ, 酸橙汁 0.5 OZ, 香蕉半个, 半杯碎冰	碟形鸡尾酒杯	香蕉	用量杯将原料量入搅拌机, 调至适当转速, 搅拌 10～15 s 后, 倒入碟形鸡尾酒杯, 饰以香蕉
6	波斯猫 (Pussy Foot)	橙汁 3 OZ, 菠萝汁 2 OZ, 红石榴糖水 1/3 OZ, 1 只鸡蛋, 雪碧汽水 2 OZ	柯林杯	橙角、红樱桃	把材料加碎冰全部放入搅拌机搅拌, 倒入柯林杯, 酒签串红樱桃串橙角挂杯边

(二)调制鸡尾酒的步骤

第一, 先按配方的要求将所需的基酒、辅料、配料、装饰品等备齐, 整齐地放于工作台调酒制作的专用位置。

第二, 准备好调酒用具和酒杯, 擦净备用。

第三, 调酒。

① 传瓶。指把酒瓶从操作台上取到手中的过程。取瓶一般有从左手传到右手或从下方传到上方两种方式。用左手拿瓶颈部传到右手上, 用右手拿住瓶的中间部位, 或直接用右手从瓶的颈部上提至瓶中间部位。要求动作快、稳。

②示瓶。指把酒瓶展示给客人。用左手托住瓶下底部, 右手拿住瓶颈, 呈 45°使酒标面向客人。取瓶到示瓶应是一个连贯的动作。

③开瓶。用右手拿住瓶身, 左手中指逆时针方向向外开酒瓶盖, 并用左手拇指和食指夹起瓶盖存于掌心。开瓶是在酒吧没有专用酒嘴时使用的方法。

④量酒。开瓶后立即用左手中指、食指与无名指夹起量杯, 两臂略微抬起呈环抱状, 把量杯放在靠近调酒用具的正前上方约 3.3 cm 处, 量杯要端平。然后右手将酒倒入量杯, 倒满后收瓶, 同时将酒倒进所用的调酒用具中。用左手拇指顺时针方向盖盖, 最后放下量杯和酒瓶。

⑤调制酒水。根据鸡尾酒配方选择相应的调制方法。调制完成后, 将酒水滤入酒杯中, 8 分满即可。

⑥制作装饰物。

第四，出品服务。先放杯垫，然后将酒放在杯垫上。

第五，清理工作台及清洗调酒用具。

(三)鸡尾酒颜色的调配

五彩斑斓的颜色，使鸡尾酒充满无限的诱惑。色彩的配制在鸡尾酒的调制中起着至关重要的作用。

1. 彩虹鸡尾酒的色彩调制

(1)首先要使每层酒应为等距离；其次应注意色彩的对比，如红与绿、黄与蓝、白与黑；最后是将暗色、深色的酒置于酒杯下部，明亮或浅色的酒放在上部，以保持酒体的平衡，并产生层次分明、色彩绚丽的观感。

(2)在调制有层色的部分海波饮料、果汁饮料时，应注意颜色的比例。一般来说暖色或纯色的诱惑力强，应占面积小一些，冷色或浊色面积可大一些。

2. 鸡尾酒的色彩混合调配

(1)熟知色彩调配知识。如黄、蓝混合成绿色，红与蓝混合成紫色，红黄混合成橘色，绿色、蓝色混合而成青绿色等。

(2)把握好不同颜色原料的用量。颜色原料用量过多则色深，量少则色浅。如红粉佳人主要用红石榴汁来调制粉红色的酒品效果。多于标准用量，颜色为深红，少于标准用量，颜色为淡粉，体现不出"红粉佳人"的魅力。

(3)注意不同原料对颜色的作用。冰块对饮品的颜色、味道也起稀释作用，调制鸡尾酒时的用量、时间长短直接影响到颜色的深浅。另外，冰块本身具有的透亮性，在古典杯中加冰块的饮品更显晶莹透亮。乳、奶、蛋等均具有半透明的特点，奶起增白效果；蛋清增加泡沫，蛋黄增强口感，使调出的饮品呈朦胧状。碳酸饮料对饮品颜色也有稀释作用。果汁原料因其所含色素的关系，本身具有颜色，调制时应注意颜色的混合变化。

(四)鸡尾酒的口味调配

1. 原料的基本味

酸味：柠檬汁、青柠汁、番茄汁等。

甜味：糖、糖浆、蜂蜜、利口酒等。

苦味：金巴利苦味酒、苦精及新鲜橙汁等。

辣味：辛辣的烈酒，以及辣椒、胡椒等辣味调料。

咸味：盐。

香味：酒及饮料中有各种香味，尤其是利口酒中有多数水果和植物香味。

将以上不同味道的原料进行组合调制出具有不同风味和口感的饮品。

2. 鸡尾酒口味调配

(1)绵柔香甜型。用乳、奶、蛋和具有特殊香味的利口酒调制而成的饮品。如白兰地亚历山大、金色菲士等。

(2)清凉爽口型。用碳酸饮料加冰与其他酒类配制的长饮，具有清凉解渴的功效。

(3)酸味圆润型。以柠檬汁、青柠汁和利口酒、糖浆为配料与烈酒调配出的酸甜鸡尾酒，香味浓郁，入口微酸，回味甘甜。

(4)酒香浓郁型。基酒占绝大多数比重，使酒体本味突出，配少量辅料增加香味，如马天尼、曼哈顿。这类酒含糖量少，口感甘洌。

(5)微苦香甜型。以金巴利或苦精为辅料调制出来的鸡尾酒，如亚美利加诺、尼格龙尼等。这类饮品入口虽苦，但持续时间短，回味香甜，并有清热的作用。

(6)果香浓郁丰满型。新鲜果汁配制的饮品，酒体丰满具有水果的清香味。

(五)鸡尾酒调制的注意事项

第一，洁杯。调制前，杯应先洗净、擦亮。调制时手只能拿酒杯的下部。尽量不要用手去接触酒水、冰块、杯边或装饰物。

第二，载杯。配合鸡尾酒正确使用，使用前需冰镇。

第三，配方。按照配方的步骤逐步调配，程序准确。

第四，量器。量酒时必须使用量器，以保证调出的鸡尾酒口味一致。

第五，调法。使用调和法时，搅拌时间不宜过长，防止冰块融化淡化酒味。摇和时，上霜要均匀，杯口不可潮湿；搅和时，一定要放碎冰。采用碳酸饮料或有气泡的酒品时不得采用摇和法。

第六，果汁、水果、冰块。调酒所用的奶、蛋、果汁等材料要新鲜。用新鲜水果装饰，切好后的水果应存放在冰箱内备用。水果榨汁时最好使用新鲜柠檬和柑橘，榨汁前应先用热水浸泡，以便能多挤出汁。用新鲜的冰块，冰块大小、形状与饮料要求一致。

第七，装饰物。装饰物要与饮料要求一致。鸡尾酒的装饰物要严格遵循配方的要求，宁缺毋滥，自创鸡尾酒的装饰物也应以简洁、协调为原则，切忌喧宾夺主。

第八，动作。动作规范、标准、快速、美观。

第九，出品。调好的酒，应迅速为客人服务。倒酒时，要使用量杯量出正确的分量，一般上面要留1/8的空间。

第十，精神风貌：调酒过程中任何环节的操作都要展示良好、健康的精神风貌。面对客人调制鸡尾酒应具有表演性和观赏性，以渲染气氛，给客人以美好的视觉享受。

第十一，其他。用蛋清的目的是增加酒的泡沫，而不改变酒的口味，所以要用力摇匀。制作糖浆，糖分与水的比例(质量比)是 2∶1。调制热饮酒，酒温不可太高，因为酒精的沸点是 78.3℃。

三、鸡尾酒的品尝

作为调酒师，特别是有经验的调酒师，不但要精通酒品调制技术，更要懂得酒品的品尝鉴别，从而更好地服务于酒品调制。品尝分为三个步骤：观色、嗅味、尝试。

（一）观色

观色可以断定配方分量是否准确，例如红粉佳人调好后呈粉红色，青草蜢调好后呈奶绿色，干马天尼调好后清澈透明如清水一般。如果颜色不对，就意味着鸡尾酒调制失败。更明显的如彩虹鸡尾酒，只从观色便可断定是否合格，任意一层混浊了都不能再出售。

（二）嗅味

嗅味是用鼻子去闻鸡尾酒的香味。凡是鸡尾酒都有一定的香味，但鸡尾酒的香气是一切基酒及辅料配料的综合香，因此，更为复杂而微妙。在酒吧里，不能直接去嗅整杯酒的味道，而是要用吧匙。变质的果汁或劣质的配酒会使整杯鸡尾酒报废。

（三）尝试

品尝鸡尾酒时，要一小口一小口地喝，将酒饮入口中后，稍停片刻，酒液受口腔内人体温度的影响，香气成分也自然会挥发，这时，再呼气，让酒气通过鼻腔，感知香气，得到一个综合的总体印象。这样才会体会其韵味，享受鸡尾酒细致的口感，从而分辨出多种不同的味道。

任务三　鸡尾酒创作

任务描述

鸡尾酒的诞生源于调酒师创作的灵感，因此，形形色色的款式不仅是调酒师技艺的体现，更是调酒师创作艺术和修养的体现。本任务将引领学生学习鸡尾酒创作的基本原则，掌握鸡尾酒的命名方法，在遵循鸡尾酒创作的基本原理的基础上，勤于实践，不断激发自己的创作灵感，提高自己的创新能力和创作水平，为新创鸡尾酒家族的推广和流行做出自己的贡献。

一、鸡尾酒的创作原则

鸡尾酒是一种自娱性很强的混合饮料，它不同于其他任何一种饮品的生产，它可以由调制者根据自己的喜好和口味特征来尽情地想象，尽情地发挥。但是，如果要使它成为商品，在饭店、酒吧中进行销售，那就必须符合一定的规则，它必须适应市场的需要，满足消费者的需求。因此，鸡尾酒的调制必须遵循一些基本的原则。

(一)构思新颖，个性独特

任何一款新创鸡尾酒首先必须突出一个"新"字，无论在表现手法，还是在色彩、口味以及酒品所表达的意境等方面都令人耳目一新。

鸡尾酒的新颖，关键在于其构思的奇巧。设计鸡尾酒时，可以从多方位、多层次，从很多侧面去体现创造的需要，以色彩、形体、嗅觉、口感为媒介，来表现深藏在设计者心中的各种情感。所以从一定层面上来说，鸡尾酒的创作是设计者情感的释放，鸡尾酒的魅力之所以能超出其原料的自然属性，很重要的原因是鸡尾酒凝聚了设计者的创意和个性。设计者主观上的个性和差异，在创作中升华，并借以展现他个性所形成的风格，从而形成酒品与众不同的魅力。

(二)色彩协调，口味卓绝

鸡尾酒创作中，色彩的表现力非常重要。任何一款鸡尾酒都可以首先通过赏心悦目的色彩来吸引客人，从而提升鸡尾酒自身的鉴赏价值。因此，追求独特的视觉效果，是新创作品获得关注和认可的第一步，色彩成了创作者们表情达意的重要媒介。

口味是评判一款鸡尾酒的重要指标，是一名创作者应重点考虑的因素。新创鸡尾酒在口味上，首先，必须甜、酸、苦、辣、咸、鲜、涩诸味协调，过酸、过甜或过苦，都会掩盖人的味蕾对味道的品尝能力，从而降低酒的品质。其次，新创鸡尾酒在口味上还需满足客人的口味需求，在满足绝大多数客人共同需求的同时，适当兼顾本地区客人的口味。

此外，还应注意突出基酒的口味，避免辅料"喧宾夺主"。

(三)目的明确，易于推广

通常，在人们创作设计鸡尾酒时一般都包含着两个目的：一是自我感情的宣泄。二是刺激消费。作为经营所需而设计创作的鸡尾酒，在构思时必须遵循易于推广的原则，即将它当做商品来进行创作。那就要求设计者更好地认识与把握客人的心理需求；善于发现人们潜在的需求因素，从而有效地促进消费。

第一，作为一种饮品，它首先必须满足客人的口味需要。

第二，必须要考虑其盈利性质，考虑其创作成本。

第三，配方简洁是鸡尾酒易于推广和流行的又一因素。

第四，遵循基本的调制法则，并有所创新。新创鸡尾酒，要易于推广和流行，还必须易于调制。调制方法可以在摇和、搅和、兑和等基本方法的基础上予以创新，如将摇和与兑和结合。

二、鸡尾酒的命名方法

一个动听而别致的名字，是一种诱惑也是一种联想，对鸡尾酒起到画龙点睛的作用。鸡尾酒的命名方法基本划分可分以下几类。

(一)以酒的内容命名

以酒的内容命名的鸡尾酒通常都是由一两种材料调配而成的，制作方法相对也比较简单，从酒的名称就可以看出酒品所包含的内容。例如比较常见的有：朗姆可乐，由朗姆酒兑可乐调制而成；金汤力，由金酒加汤力水调制而成；伏特加 7（Vodka"7"），由伏特加加七喜调制而成。

(二)以时间命名

以时间命名的鸡尾酒有些表示了酒的饮用时机，但更多的则是在某个特定的时间里，生活中的人和事或其他因素引发了创作者的创作灵感，而诞生的鸡尾酒。如"忧虑的星期一"、"六月新娘"、"夏日风情"、"九月的早晨"、"开张大吉"、"最后一吻"等。

(三)以自然景观命名

以自然景观命名的鸡尾酒指借助于天地间的山川河流、日月星辰、风露雨雪，以及繁华都市、边远乡村抒发创作者的情思。酒品的色彩、口味甚至装饰等都具有明显的地方色彩，比如，"雪乡"、"乡村俱乐部"、"牙买加之光"、"永恒的威尼斯"、"迈阿密海滩"等。

(四)以颜色命名

以颜色命名的鸡尾酒基本上是以"伏特加"、"金酒"、"朗姆酒"等无色烈性酒为酒基，加上各种颜色的利口酒调制成形形色色、色彩斑斓的鸡尾酒品。

1. 红色

红色主要来自于调酒配料"红石榴糖浆"。如著名的"红粉佳人"，就是以金酒为基酒，加上橙皮甜酒、柠檬汁和石榴糖浆等材料调制而成。以红色著名的鸡尾酒还有"新加坡司令"、"日出特基拉"、"迈泰"、"热带风情"等。

2. 绿色

主要来自于著名的绿薄荷酒。它用薄荷叶酿成，具有明显的清凉、提神作用。著名的绿色鸡尾酒有"蚱蜢"、"绿魔"、"青龙"、"翠玉"、"落魄的天使"等。

3. 蓝色

这一常用来表示天空、海洋、湖泊的自然色彩，由于著名蓝橙酒的酿制，便在鸡尾酒中频频出现，如"忧郁的星期一"、"蓝色夏威夷"、"蓝天使"、"青鸟"等。

4. 黑色

用各种咖啡酒，其中最常用的是一种叫甘露(也称卡鲁瓦)的墨西哥咖啡酒。其色浓黑如墨，味道极甜，带浓厚的咖啡味，专用于调配黑色的鸡尾酒，如"黑色玛丽亚"、"黑杰克"、"黑俄罗斯"等。

5. 褐色

由于欧美人对巧克力异常偏爱，配酒时常常大量使用可可酒。或用透明色淡的，或用褐色的，比如调制"白兰地亚历山大"、"第五街"、"天使之吻"等。

6. 金色

用带茴香及香草味的加利安奴酒，或用蛋黄、橙汁等。常用于"金色凯迪拉克"、"金色的梦"、"金青蛙"、"旅途平安"等的调制。

（五）以其他方式命名

1. 以花草、植物来命名鸡尾酒

如"白色百合花"、"郁金香"、"紫罗兰"、"黑玫瑰"、"雏菊"、"香蕉芒果"、"樱花"、"黄梅"等。

2. 以历史故事、典故来命名

如"血红玛丽"、"咸狗"、"太阳谷"、"掘金者"等。

3. 以历史名人来命名

如"亚当与夏娃"、"哥伦比亚"、"亚历山大"、"丘吉尔"、"牛顿"、"伊丽莎白女王"、"丘比特"、"拿破仑"、"毕加索"、"宙斯"等。

4. 以军事事件或人来命名

如"海军上尉"、"自由古巴军"、"深水炸弹"、"老海军"等。

三、鸡尾酒的创作步骤

第一，确定创作意图和内容。

第二，选择主辅原材料。

第三，确定酒品的名称。

第四，选择载杯和装饰物。

第五，制定配方。

第六，实际调制。

综合实训

一、思考与练习

1. 名词解释

鸡尾酒　长饮　基酒

2. 填空题

(1)鸡尾酒的基本结构是_____、_____、_____。

(2)摇酒壶由_____、_____、_____三部分组成。

(3)写出以下常用工具的英文：吧匙_____、摇壶_____、滤冰器_____、搅拌机_____。

(4)鸡尾酒的调制方法有：_____、_____、_____、_____。

(5)调制鸡尾酒时，应用_____量度材料分量。

(6)使用金酒为基酒，柠檬汁、红石榴汁、樱桃白兰地、苏打水为辅料来调制的鸡尾酒名称是_____。

(7)鸡尾酒的基酒主要以_____酒为主，又称为鸡尾酒的_____，例如_____、_____、_____、_____、_____、_____。

(8)调制鸡尾酒时，加入苏打水是为了_____。

3. 选择题

(1)鸡尾酒起源于(　　　)。

A. 法国　　　　　B. 美国　　　　　C. 德国　　　　　D. 英国

(2)当鸡尾酒中含有水果块或固体物质时,必须采用(　　　)。

A. 冲和法　　　　B. 中和法　　　　C. 搅和法　　　　D. 压缩法

(3)在鸡尾酒调制中进行示瓶时,应把瓶子倾斜(　　　)展示给客人。

A. 15°　　　　　B. 30°　　　　　C. 45°　　　　　D. 60°

(4)常见的调酒壶容量有 250mL、(　　　)。

A. 350 mL 和 530 mL　　　　　　　B. 280 mL 和 320 mL

C. 190 mL 和 298 mL　　　　　　　D. 200 mL 和 220 mL

(5)调制鸡尾酒的(　　　)法,是将配方中的酒水按分量直接倒入杯中,不需搅拌或作轻微的搅拌即可。

A. 调和滤冰　　　B. 兑和　　　　　C. 电动　　　　　D. 摇和

(6)在调酒过程中,双手握壶时,应用(　　　)按住壶底。

A. 左手中指　　　　　　　　　　　B. 右手或左手的中指

C. 左手食指　　　　　　　　　　　D. 右手或左手的食指

(7)调酒过程中,开瓶时应用右手握住酒瓶,左手(　　　)逆时针方向向外开酒瓶盖。

A. 拇指　　　　　B. 食指　　　　　C. 中指　　　　　D. 无名指

4. 简答题

(1)简述调和与滤冰两种操作方法的区别。

(2)鸡尾酒调制的原则有哪些?

二、实训

1. 调酒技能训练

实训目的:使学生熟悉酒吧鸡尾酒服务的基本程序和技能,训练学生的实际操作动手能力,提高酒吧综合服务的能力。

训练内容与要求:根据鸡尾酒服务的程序进行选杯、传瓶、示瓶、开瓶、量酒、摇壶或搅拌、装饰等服务环节的练习。将学生分为 6～7 人一组,保证每一位同学都有亲自操作的机会。练习中展开自评、小组评和教师点评。

2. 鸡尾酒调制训练

实训目的:通过练习使学生熟悉鸡尾酒调制过程中所涉及的设备、用具、器皿、原料、配料等方面的相关知识,掌握鸡尾酒调制的基本手法、动作要规范,用杯、装饰物搭设等,使学生具备调制鸡尾酒的基本能力。

训练内容与要求:将学生分为 6 人一组,每组同学根据所列的鸡尾酒配方,在每种方法中任选两款鸡尾酒进行调制,学生调制出鸡尾酒后,展开自评、小组评、教师点评。

3. 鸡尾酒创作训练

实训目的：在掌握鸡尾酒调制实际操作的基础上，提高学生创新能力和创作水平，在鸡尾酒创作的过程中提高学生对白兰地、威士忌、金酒、朗姆酒、伏特加、特基拉酒的认知水平。

训练内容与要求：将学生分为 6 人一组，各小组中每位同学选择 1 种蒸馏酒作为基酒调制出 6 款自创鸡尾酒，要求创作鸡尾酒时应控制好酒水分量，手法、动作要规范，用杯、装饰物搭设要合理，自创鸡尾酒要有合理的主题和寓意，创作结束后从色、香、味、形、意几方面展开自评、小组评、教师点评。

4. 酒单设计

训练目的：了解酒单的基本内容、作用及设计的原则和方法。

训练内容与要求：将学生以 3～4 人分组，每组设计一份酒单，要求酒单设计精美、构思独特，酒单内容完整，能够体现酒单的基本功能。

附录一　酒吧常用酒水中英文名称对照表

种类	序号	中文品牌名称	英文名称	产地
开胃酒（Aperitif）	1	马天尼（白）	Martini Bianco	意大利
	2	马天尼（干）	Martini Dry	意大利
	3	马天尼（甜）	Martini Rosso	意大利
	4	仙山露（干）	Cinzano（Dry）	法国
	5	仙山露（红）	Cinzano（Rosso）	法国
	6	仙山露（半干）	Cinzano（Bianco）	法国
	7	金巴利	Campari	意大利
	8	杜本纳	Dobonet	法国
	9	力加（里卡德）茴香酒	Ricard	法国
	10	潘诺（培诺）茴香酒	Pernod	法国
利口酒（Liqueur）	11	加利安奴	Galliano Liqueur	意大利
	12	君度	Cointreau	法国
	13	金万利	Grand Mania	牙买加
	14	天万利	Tia Maria	牙买加
	15	金巴利	Campari	意大利
	16	杜林标	Drambuie	英国
	17	蛋黄酒	Advocaat	荷兰
	18	修士酒（当酒）	Benedictine(D. O. M)	法国
	19	玛利布椰子酒	Malibu Liqueur	牙买加
	20	咖啡利口	Coffee Liqueur	荷兰
	21	棕可可甜酒	Creme de Cacao Brown	荷兰
	22	杏仁白兰地	Apricot Brandy	荷兰
	23	白可可甜酒	Creme de Cacao White	荷兰
	24	橙味甜酒	Triple Sec	荷兰

续表

种类	序号	中文品牌名称	英文名称	产地
利口酒（Liqueur）	25	蜜瓜酒	Melon Liqueur	荷兰
	26	樱桃酒	Kirchwasser	荷兰
	27	香草酒	Marschino	荷兰
	28	黑加仑酒	Black Cassis	荷兰
	29	石榴糖浆	Grenadine Syrup	荷兰
	30	薄荷蜜	27 Get 27 Peppermint（G）	法国
	31	薄荷蜜	31 Get 31 Peppermint（W）	法国
	32	蓝橙酒	Blue Curacao	美国
	33	高拉咖啡蜜酒	Kahlua	墨西哥
	34	杏仁酒	Amaretto	意大利
白兰地（Brandy）	35	人头马 V. S. O. P.	Remy Martin V. S. O. P.	法国
	36	人头马 X. O.	Remy Martin X. O.	法国
	37	人头马路易十三	Remy Martin Louis XIII	法国
	38	人头马拿破仑	Remy Martin Napoleon	法国
	39	人头马特级	Club De Remy Martin	法国
	40	轩尼诗 X. O.	Hennessy X. O. Cognac	法国
	41	轩尼诗 V. S. O. P.	Hennessy V. S. O. P.	法国
	42	长颈	F. O. V. Cognac	法国
	43	御鹿 V. S. O. P.	Hine V. S. O. P.	法国
	44	御鹿 X. O.	Hine X. O.	法国
	45	金牌马爹利	Martell Medaillon	法国
	46	蓝带马爹利	Martell Corden blue	法国
	47	马爹利 X. O.	Martell X. O.	法国
	48	奥吉尔 V. S. O. P.	Augier V. S. O. P.	法国
	49	奥吉尔 X. O.	Augier X. O.	法国
	50	拿破仑 V. S. O. P	Courvoisier V. S. O. P	法国
	51	拿破仑 X. O.	Courvoisier X. O.	法国
	52	百事吉 V. S. O. P.	Bisquit V. S. O. P.	法国
	53	豪达 V. S. O. P.	Otard V. S. O. P.	法国
	54	登喜路 V. S. O. P.	Dunhill V. S. O. P.	法国
	55	卡慕 V. S. O. P.	Camus V. S. O. P.	法国

续表

种类	序号	中文品牌名称	英文名称	产地
威士忌（Whisky）	56	白马威士忌	White Horse	苏格兰
	57	百龄坛 12 年	Ballantine's 12 Years	苏格兰
	58	百龄坛（特级）威士忌	Ballantine's Finest	苏格兰
	59	格兰菲迪	Glenfiddich	苏格兰
	60	格兰特	Grant's	苏格兰
	61	黑方威士忌	Johnnie Walker Black Label	苏格兰
	62	红方威士忌	Johnnie Walker Red Label	苏格兰
	63	皇家礼炮	Royal Salute	苏格兰
	64	芝华士威士忌 12 年	Chivas Regal 12 Years	苏格兰
	65	芝华士威士忌 18 年	Chivas Regal 18 years	苏格兰
	66	添宝威士忌	Dimple Haig	苏格兰
	67	金铃威士忌	Bells Finest	苏格兰
	68	老帕尔 12 年威士忌	Old Parr 12 years	苏格兰
	69	顺风威士忌	Cutty Sark	苏格兰
	70	威雀威士忌（15 年）	Famous Grouse 15 Years	苏格兰
	71	四玫瑰	Four Roses Bourbon Whiskey	美国
	72	兰利斐	Glenlivet Scotch Whisky	苏格兰
	73	施格兰 V.O.	Seagrartis V. O. Whisky	加拿大
	74	珍宝	J&B	苏格兰
	75	皇冠	Crown Royal	加拿大
	76	施格兰王冠（7 冠）	Seven Crown Whiskey	美国
	77	加拿大俱乐部（12 年）	Canadian Club（12 years）	加拿大
	78	占边	Jim Beam Bourbon Whiskey	美国
	79	约翰·詹姆森	John Jameson	爱尔兰
	80	布什米尔	Bushmills	爱尔兰

种类	序号	中文品牌名称	英文名称	产地
金酒类（Gin）	81	哥顿	Gordon's	英国
	82	英国卫兵（必发达）	Beefeater Gin	英国
	83	健尼路（格利挪尔斯）	Greenalls Original Dry Gin	英国
	84	钻石（吉利蓓）	Gibeys Special Dry Gin	英国
朗姆酒（Rum）	85	百加得朗姆酒	Bacardi Rum	牙买加
	86	百加得白朗姆酒	Bacardi Light	牙买加
	87	百加得黑朗姆酒	Bacardi Black	牙买加
	88	白摩根船长	Captain Morgan Light	波多黎各
	89	黑摩根船长	Captain Morgan Black	波多黎各
	90	哈瓦那俱乐部朗姆酒 7 年	Havanan Club7 year	古巴
伏特加（Vodka）	91	朱波罗卡伏特加	ZUBROWKA（Bison Brand Vodka）	波兰
	92	丹麦伏特加	Danzka Vodka	丹麦
	93	丹麦伏特加（葡萄味）	Danzka Currant Vodka	丹麦
	94	红牌伏特加	Stolichnaya Vodka	俄罗斯
	95	绿牌伏特加	Moskovskaya Vodka	俄罗斯
	96	芬兰伏特加（莱姆味）	Finlandia Lime Vodka	芬兰
	97	芬兰红加仑子	Finlandia Cranberry Vodka	芬兰
	98	荷兰伏特加	Ketel One Vodka	荷兰
	99	皇冠伏特加	Smirnoff Vodka	俄罗斯
	100	绝对伏特加	Absolut	瑞典
	101	绝对伏特加（橙味）	Absolut Mandarin Vodka	瑞典
	102	绝对伏特加（柠檬味）	Absolut Citron Vodka	瑞典
	103	绝对伏特加（葡萄味）	Absolut Kurrant Vodka	瑞典
	104	绝对香草伏特加	Absolut Vanilia Vodka	瑞典

续表

种类	序号	中文品牌名称	英文名称	产地
特基拉 (Tequila)	105	特基拉烈酒（索查）	Tequila Sauza	墨西哥
	106	凯尔弗白	Jose Cuervo White	墨西哥
	107	凯尔弗金(金快活)	Jose Cuervo Gold	墨西哥
	108	金色龙舌兰	Sauza Extra Tequila Gold	墨西哥
	109	银色龙舌兰	Sauza Tequila Blanco	墨西哥
啤酒 (Beer)	110	嘉士伯	Carlsberg	
	111	百威	Budweiser	
	112	朝日	Asahi	
	113	科罗娜	Corona	

附录二　法国各大酒庄正酒及副牌酒推荐年份表

	名称	产区	正牌所属等级	好年份	极好年份
正牌	拉菲酒庄 Chateau Lafite Rothschild	波亚克	一级	1996、1998、1999、2000、2003、2005	2000、2003
副牌	Carruades de Lafite				

Chateau Lafite Roths Child

Carruades de Lafite

	名称	产区	正牌所属等级	好年份	极好年份
正牌	拉图酒庄 Chateau Latour	波亚克	一级	1990、1995、1996、1997、1998、1999、2000、2001、2002、2003、2005	1996、2000、2001、2002、2003
副牌	Les Forts de Latour Pauliiac				

Chateau Latour

Les Forts de Latour Pauliiac

续表

	名称	产区	正牌所属等级	好年份	极好年份
正牌	奥比昂酒庄 Chateau Haut-Brion	格拉夫	一级	1989、1995、1998、1999、2000、2005	1989、1995、2000
副牌	Bahans Haut-Brion				

Chateau Haut-Brion

Bahans Haut-Brion

	名称	产区	正牌所属等级	好年份	极好年份
正牌	玛歌酒庄 Chateau Margaux	玛歌	一级	1990、1995、1996、1999、2000、2001、2002、2003、2005	1996、2000、2003
副牌	Pavillon Rouge du Chateau Margaux				

Chateau Margaux

Pavillon Rouge du Chateau Margaux

	名称	产区	正牌所属等级	好年份	极好年份
正牌	木桐酒庄 Chateau Mouton Rothschild	庞马洛	一级	无	无
副牌	Le Petit Mouton				

续表

名称	产区	正牌所属等级	好年份	极好年份
Chateau Mouton Rothschild			Le Petit Mouton	
正牌　白马酒庄 Chateau Cheval Blanc	圣艾米侬	特级 A	1995、1998、2000、2005	2000
副牌　Le Petit Cheval				
Chateau Cheval Blanc			Le Petit Cheval	
正牌　欧颂酒庄	圣艾米侬	特级 A	1999、2000、2001、2002、 2003、2004、2005	2000、2001、 2002、2003
副牌　La Chapelle de Ausone				

续表

名称		产区	正牌所属等级	好年份	极好年份
Chateau Ausone	La Chapelle de Ausone				
正牌	雄狮酒庄 Chateau Leoville-Las Cases	圣于连	二级	1990、1994、1995、1996、1998、2000、2005	1990、1996、2000
副牌	Clos du Marquis				
Chateau Leoville-Las Case	Clos du Marquis				
正牌	碧尚-拉龙酒庄 Chateau Pichon-Baron	波亚克	二级	1995、2000、2005	2000
副牌	Les Tourelles de Pichon				

续表

名称		产区	正牌所属等级	好年份	极好年份

<table>
<tr><td colspan="6" align="center">

Chateau Pichon-Baron　　　　　　　Les Tourelles de Pichon

</td></tr>
</table>

正牌	瑚赞-塞格拉酒庄 Chateau Rauzan-Segla	玛歌	二级	1995、1996、1998、2000、2005	2000
副牌	Segla				

Chateau Rauzan-Segla　　　　　　　　Segla

正牌	拉虹酒庄 Chateau Lagrange	圣于连	三级	1995、2000、2005	
副牌	Les Fiefs de Lagrange				

名称	产区	正牌所属等级	好年份	极好年份
Chateau Lagrange			Les Fiefs de Lagrange	
正牌 帕尔梅酒庄 Chateau Palmer **副牌** Alter Ego de Palmer	玛歌	三级	1998、1999、2000、2005	
Chateau Palmer			Alter Ego de Palmer	

参考文献

1. 李祥睿．饮品与调酒．北京：中国纺织出版社，2008
2. 刘雨沧．调酒技术．北京：高等教育出版社，2007
3. 陈映群．调酒艺术技能实训．北京：机械工业出版社，2008
4. 周敏慧，周媛媛．酒水知识与调酒．北京：中国纺织出版社，2009
5. 李晓东．酒水知识与酒吧管理．北京：高等教育出版社，2005
6. 杨真．调酒技术．北京：中国劳动社会保障出版社，2007
7. 麦萃才．法国波尔多红酒品鉴与投资．上海：上海科学技术出版社，2007
8. 黄进．酒水知识与调酒技术．北京：中国地图出版社，2007
9. 陈映群．调酒艺术技能实训．北京：机械工业出版社，2009
10. 陈锡畴．酒水知识与酒吧管理．郑州旅游职业学院．校级精品课程 http：//www.jingpinke.com/
11. 调酒与酒水服务技术．南宁职业技术学院．精品课程网站 http：//116.252.173.100：8008/tj/article.asp? articleid＝280
12. 威海职业学院．酒水调制精品课网站 http：//221.2.159.215：90/jstzkc/html/2/5/3/index.html
13. 中国葡萄酒资讯网 http：//www.wines-info.com/
14. 法国红酒网 http：//www.cnyangjiu.com/
15. 中国调酒师网 http：//www.tiaojiushi.com/
16. 马爹利官网 http：//www.martell.com/
17. 御鹿官网 http：//www.hinecognac.com/
18. 轩尼诗官网 http：//www.hennessy.com/